全国中等职业学校机械类专业通用
全国技工院校机械类专业通用（中级技能层级）

机械制图课教学参考书

——与机械制图（第八版）配套使用

果连成　主编

中国劳动社会保障出版社

简介

本书为全国中等职业学校机械类专业通用教材/全国技工院校机械类专业通用教材（中级技能层级）《机械制图（第八版）》的配套用书，供教师在教学中使用。

本书按照教材章节顺序编写，内容安排力求体现教材的编写意图，以期为教师提供多方面的帮助。书中每章包括“本章的地位和特点”“教学目的和要求”“教学重点和难点”“标准化状况”“教学建议”等内容。

本书由果连成任主编，王槐德任副主编，崔兆华任主审。

图书在版编目(CIP)数据

机械制图课教学参考书：与机械制图（第八版）配套使用/果连成主编. -- 北京：中国劳动社会保障出版社，2023

全国中等职业学校机械类专业通用　全国技工院校机械类专业通用. 中级技能层级

ISBN 978-7-5167-5904-2

Ⅰ. ①机…　Ⅱ. ①果…　Ⅲ. ①机械制图－中等专业学校－教学参考资料　Ⅳ. ①TH126

中国国家版本馆 CIP 数据核字(2023)第 069736 号

中国劳动社会保障出版社出版发行

（北京市惠新东街 1 号　邮政编码：100029）

*

北京市艺辉印刷有限公司印刷装订　新华书店经销

880 毫米×1230 毫米　32 开本　6.625 印张　156 千字

2023 年 6 月第 1 版　2023 年 6 月第 1 次印刷

定价：21.00 元

营销中心电话：400-606-6496

出版社网址：http://www.class.com.cn

http://jg.class.com.cn

目　录

总　　论

一、机械制图课程的地位、教学任务和教学要求

1. 本课程的地位

在中等职业学校（以下简称中职学校）机械类专业所设置的课程中，机械制图课程是一门重要的专业技术基础课。也就是说，本课程的地位体现在“三性”中，即重要性、技术性和基础性。

本课程的重要性是由其研究对象的重要性决定的。本课程的研究对象，简言之，是研究识读与绘制机械图样。机械图样的重要性则可归结为“一个表达”（表达设计意图）和“三个依据”（加工、装配、检验的依据）。机械图样如此重要，则研究机械图样的课程的重要性也就不言而喻了。

本课程的技术性是相对于文化类课程而言的。

本课程的基础性是相对于专业类课程而言的。本课程是为学习后续专业课铺路的基础课程。但是，它完全不同于语文、数学一类的纯文化性的基础课程。本课程研究的图样中所涉及的内容充满着专业性，用一体化教学理念去设计教学，机械制图的教学内容也应与专业课内容紧密相连、相互渗透、相互融合，同一章节内容对不同的专业、职业的教学内容（如选择机件的形状和结构等）应有所侧重。从这个意义上讲，本课程也是机械类专业的核心课程，其具有一定的专业性和实践性。因此，它是带有专业技术性的基础课程。

可见，将本课程称为“一门重要的专业技术基础课”是恰如其分的。在中职学校机械类专业的课程设置中，本课程是计划课时数较多的课程之一，故又常将本课程视为机械类专业的一门主干课程。

2. 本课程的教学任务和教学要求

对中职学校的机械类专业来说，本课程的教学任务是使学生掌握正投影法的基本原理和作图方法，培养其空间想象能力；使学生熟悉和掌握机械制图及其相关标准的规定，培养其一定的识读和绘制机械图样的能力。同时，教学中应注重培养学生良好的职业素养和精益求精的工匠精神。

根据部颁《机械制图教学大纲》中课程目标要求，本课程教学的最终要求是能读懂中等复杂程度的零件图和装配图；能绘制典型零件图和简单装配图。

上述读图和绘图的具体要求，建议按以下难易程度掌握：

——读图要求中的“中等复杂程度的零件图”是指由 2 ~ 3 个基本视图加若干个辅助视图，其所注尺寸的个数为 30 个左右的零件图。

——读图要求中的“中等复杂程度的装配图”是指由 20 个左右的零件（含专用件和标准件）组成的装配图。

——绘图要求中的“典型零件图”是指所注尺寸个数为 20 个左右的零件图。

——绘图要求中的“简单装配图”是指专用件序号为 10 个左右的装配图。

二、本课程的基本内容分析

本课程的教学内容归纳起来可分为 5 个方面，即图示方法、标注方法、制图标准、机械常识和制图技能。这5 个方面并非泾渭分明的 5 大板块，而是相互依托、贯通全书的 5 条干线。

1．图示方法

图示方法是本课程的理论核心内容。它是指图示物体的原理、特性、方法和画法规定。这方面内容由抽象到具体，由二维到三维，由原理到规范，构筑了本课程的基本骨架，形成了如下的一条主要干线：

投影法→空间点、线、面的二维图示→基本体的二维图示→基本体的三维图示（轴测图）→组合体的二维、三维图示→画法规定→机件的表示法（零件、装配体）。

在职业教育教学中，针对中职学生的实际，也可将基本体的二维图示提前到空间点、线、面的二维图示之前讲授，由具体到抽象，再由抽象到具体。

本教材以日常生活中常见的千斤顶为例引入图样，以类似于小汽车外形的几何形体为例引入投影法和投影关系，进而由整体到局部，由具体到抽象，去分析点、线、面投影，再用抽象理论研究基本体→组合体→机件，符合学生的认知规律。

2．标注方法

图样中的图形只能表示机件的结构和形状，其他的设计意图（如尺寸大小和几何精度等）均要借助规范化的注法给出要求。这些注法规定主要包括尺寸（线性、角度）的注法、尺寸公差及配合的注法、几何公差的注法、表面结构的注法、各种表示法（如剖视图）的注法、结构要素（如螺纹）及其公差的注法。

上述注法中，尤为重要的是尺寸的标注方法。为满足尺寸标注的基本要求，制图教材中循序渐进地凸现了一条清晰的干线：

尺寸注法的基本规定→平面图形的尺寸分析→基本体的尺寸标注→组合体的尺寸标注→零件图的尺寸标注→装配图的尺寸标注。

3．制图标准

图样是工程界共同的技术语言。图样的这种通用性特征正是凭借制图标准的权威性来提供保证的。可以说，没有制图标准，图样就不可能成为工程界共同的技术语言，技术人员之间、设计者与操作者之间就无法进行技术层面的沟通和交流。可见，制图标准是研究图样的制图课程的根本依据。

在图学教育界，有人认为，制图课程就是投影法加制图标准。这种说法不无片面之嫌。实际上，投影法也早已有了专项标准。在本课程中，标准的规定渗透于每一章，融汇于教学的全过程。本课程依据的国家标准可归为以下 7 类：

（1）制图基础标准。含投影法、画法及图样种类等方面的术语标准（详见表总-1）。

（2）制图基本规定。是指设计及绘图时要遵循的，但又不属于画法、注法规定的标准，如图幅、比例和字体等标准。

（3）图样的基本表示法。含画法、注法方面的基本规定的标准（详见表总-1）。

（4）图样中的特殊表示法。含常用结构要素（如螺纹、中心孔等）及常用机件（如紧固件、齿轮等）的特殊画法规定方面的标准（详见表总-1）。

（5）图样管理标准。含《标题栏》《明细栏》标准。

（6）产品几何技术规范（GPS）标准。通常称为几何精度标准、公差标准。例如，极限与配合、几何公差和表面结构方面的标准，在本课程中总称为“技术要求”，通常在“零件图”这一章中讲授。

（7）制图的其他相关标准。这类标准量大、面广，不计其数，如螺纹标准、紧固件标准、结构要素标准、材料标准、滚动轴承代号及产品标准等。

以上列举的 7 个方面标准，包括了绘制机械图样常用的《机械制图》《技术制图》及其相关的其他国家标准。《机械制图（第八版）》采用的国家标准是截至 2022 年 12 月以前的最新标准。

4. 机械常识

在读图和绘图中，不可避免地要涉及机械类专业相关课程的基本知识和专业知识。因此，教学中要加强与相关专业学科教学的联系，把握有关内容的进度要求，必要时简要、通俗地介绍这类常识性内容，如几何精度方面的概念，零件和装配体上的工艺结构，常用机件及其结构要素的分类、功用和几何要素等。这些也是本课程的基本内容之一。

5. 制图技能

这里所称的“制图技能”，包括读图和绘图两方面的技能。欲使学生具有一定的识读及绘制机械图样的能力，必须进行必要的技能训练。本课程教学中，有关读图、绘图方法的讲授和各阶段基本功训练的安排等主要包括绘图工具的使用、几何作图、平面图形的作图步骤、草图绘图技法、轴测图（及轴测草图）画法步骤、组合体的形体分析和面形分析、识读及绘制零件图的方法和步骤、识读及绘制装配图的方法和步骤以及零部件的测绘。

这方面内容的教学，除了以讲授新课和布置课外作业的方式进行外，还需通过习题课、演示和辅导答疑、分组讨论、作业展示等环节来保证其教学效果。

应当明确的是，这里所说的读图和绘图能力中的“图”，不能只片面地理解为识读及绘制组合体的三视图。本课程教学成败的标志最终应落实到对零件图、装配图的识读及绘制能力上。这是对培养学生综合职业能力的要求。正因为如此，本课程的各类考核（单元测验除外）和制图竞赛的试卷命题中，不但要注重组合体的补图、补线，还要对零件图、装配图的识读及绘制能力进行考核。

三、教学阶段的划分

全国中等职业学校机械类专业通用教材/全国技工院校机械类专业通用教材（中级技能层级）《机械制图（第八版）》章节安排如下：

绪论

第一章　制图基本知识与技能

第二章　正投影作图基础

第三章　立体表面交线的投影作图

第四章　轴测图

第五章　组合体

第六章　机械图样的基本表示法

第七章　机械图样的特殊表示法

第八章　零件图

第九章　装配图

第十章　零部件测绘

*第十一章　金属结构图、焊接图和展开图

根据以上各章的内容特点，可将其分为两大教学阶段安排教学：

第一教学阶段——基础阶段，包括绪论和第一章～第七章。

本阶段又可细分为理论基础教学阶段（含绪论及第二章～第五章）和技术基础教学阶段（含第一章、第六章和第七章）。

第二教学阶段——应用阶段，含第八章、第九章、第十章和第十一章。

从内容特点看，“第一章　制图基本知识与技能”已经开始介绍制图标准的具体规定，应属技术基础教学阶段的内容，但是为了便于教师布置作业，使学生尽早进行技能训练，故本部分内容提前到第一章讲授。

比较上述两大教学阶段，有以下 3 个方面的明显区别：

1. 教学任务不同

基础阶段的教学任务是奠定“三基”，即基本理论、基本技能和基本知识，主要是制图标准和投影原理。

应用阶段的教学任务是培养学生识读及绘制机械图样的综合能力。

2. 课时分配比例各有侧重

本课程实践性很强，“讲”与“练”相结合，贯穿于制图教学的全过程。这体现了“做中学，学中做”的职业教育新理念。

相对而言，第一教学阶段应适当多讲，第二教学阶段应适当多练。本参考书根据部颁《机械制图教学大纲》分别给出了中级工层次的初、高中起点学时分配表供教学参考。课程教学“讲”与“练”的课时分配比例可参考本书附录，同时教师可根据本校的具体情况适当调整。

3. 研究对象各异

第一教学阶段的研究对象（除第六章外）是抽象的、虚拟的几何元素、基本体和组合体。它们都是几何化的零件，是为学习生产实践中的真实零件打基础的。

第二教学阶段的研究对象则是机件（零件、部件和机器）。

要注意的是，第一教学阶段中的第六章、第七章情况比较特殊，从第六章开始机件已作为研究对象了。这是因为这两章全都是介绍国家标准对图样画法的规定，而这些国家标准都是以机件为图例，以便贯彻时更具针对性。因此，第六章、第七章必须以机件为例。

四、《机械制图（第八版）》的编写特点

《机械制图（第八版）》是在广泛吸收学校对第七版教材使用情况意见的基础上修订的。归纳起来，本教材具有以下 7 个方面的特点：

1. 遵循大纲要求，简明实用，职教特色鲜明

本教材从中职教育的培养目标出发，更加注重培养学生的综合职业能力，在本课程教学内容的取舍上坚持简明实用的编写指导思想，以“基本理论够用为度，基本知识广而不深，基本技能贯穿始终”为编写原则，从而体现鲜明的职教特色。同时，既遵循认知规律，又更加贴近企业生产实际，注重实践，融理论知识于典型实例之中，体现“做中学，学中做”的职业教育新理念。例如，教材中增加了课堂讨论和实训内容；对必不可少的相关课程内容和专业方面的知识点，则采取深入浅出、

点到为止的叙述方式，准确把握本课程在专业课程体系中的基础地位和重要作用，打好基础，做好服务和衔接；对必须掌握的基本知识，则设置梯度，循序渐进，反复训练，贯穿始终。

2．充实、完善教学内容，优化结构体系

本教材在保持第七版整体结构的基础上，主要从以下几方面做了充实、完善和改进：

（1）进一步完善了教材内容，使教材内容更符合认知规律，有利于教学。例如，为更好地帮助学生掌握投影原理及三视图的投影规律，采用类似于小汽车外形的几何形体作为案例，引入投影概念，并用它分析及研究三视图的形成、投影规律和方位关系等，有利于激发学生学习兴趣，使其易于理解和记忆。对零件图视图表达的案例也做了适当调整。

（2）考虑到机械类各专业的通用性，对教学内容做了适当删减，如删掉了中心孔的相关内容；考虑到知识的应用性，适当增加了知识拓展。

（3）教材中采用彩色润饰插图，提升了机件的真实性和质感，增强了教材的可读性和可视化程度。

（4）为更有效地实现理实结合，满足中职学校机械类专业的教学需要及企业实际需求，有效地培养学生的综合职业能力，本教材保留原有教材的编写体系，坚持循序渐进、实用够用原则，遵循认知规律，保持基本体、组合体、零件，零件与装配体，零件图与装配图的内在联系，体现教学内容的完整性、科学性和实用性。

3．精编配套习题，优化了技能训练

与本教材同步修订的习题册紧密配合教材章节讲授新课和习题课的要求，并兼顾职业技能鉴定考核，将部分习题纳入课堂讨论或实训环节，发挥引导作用；每一章节的习题选题做到了先易后难，梯度适中，且题型活泼多变，也为机械类不同专业教学提供了更多的选择。教材适当减少了尺规和板图绘图的作业量，而对要求掌握的技能（如徒手绘图）采取反复训练、温故知新的编写方式。同时，习题册每章节中的“训练与自测题”既可作为课堂训练的习题，也可作为检验教学效果的测试题。

4．坚持以“识图为主”，突出教学主题

本教材在内容的叙述及配套习题的编排上紧扣新大纲教学目标，从先后顺序、从属关系、难易程度及不同的教学要求等方面进一步做了梳理，较好地处理了识图与画图之间主次分明的相辅相成关系。全书以读图为目的、画图为手段，识图全过程体现了“读画结合”“以画促读”的依存关系，从整体上反映了以“识图为主”的编写思路，保证了中职教育对本课程的教学要求。

5．贯彻最新标准，保证教学内容的先进性

机械类专业的教学内容要紧跟新时代科技发展步伐，反映技术进步的先进性。对本课程而言，体现先进性特征的重要表现就是要及时贯彻现行有效的最新国家标准。本教材吸纳及采用了 2022 年 12 月以前所有现行的《机械制图》和《技术制图》国家标准，保证了教学内容的先进性。

6．保持“以例代理”，贴近实践

本教材更加注重理实结合，凸显“以例代理、贴近实践”的编写风格。例如，对容易出错或易混淆的内容，给出正误对比的图例或表格；对较复杂的作图题，采取分解图示或辅以三维润色图的讲解方式；注重内容的内在联系，对新概念采用简单示例来讲解；将理论基础融于实际案例中。本教材兼顾机械类不同专业的需求，精选企业生产实际和生活中的典型案例，更有针对性和实用性，体现了职业教育特色。

7．配置立体化教学资源，体现新时代特征

充分利用现代信息技术和学生广泛使用的智能手机终端，将教材中的重点、难点内容制作成可视化、直观、易理解的视频和可互动的立体教学素材，应用增强现实（AR）技术，将本教材打造成“互联网+教材”，教学手段更加现代、高效。

五、我国《机械制图》国家标准的标准化动态

1. 我国《机械制图》国家标准的历史沿革

在旧中国，工业基础极其脆弱，没有自己的设计和生产系统，绘制图样的制图规则混乱不堪，甚至连投影体制也未能统一。

新中国成立后，政务院财政经济委员会于1950—1951年发布了13项《工程制图》标准（草案），规定以第一角画法作为我国工程制图的统一规则。从此，机械制图领域中第一角和第三角两种画法并用的混乱状态结束了。在此基础上，原第一机械工业部于1956年发布了《机械制图》部颁标准，共21项。

1959年，国家科学技术委员会批准发布了我国第一套《机械制图》国家标准，共19项，后又于1970年修订了1959年的国家标准，在全国试行。在试行的基础上，于1974年正式发布了我国第二套《机械制图》国家标准。1970年和1974年的国家标准分别是由中国科学院和国家标准计量局批准发布的，前者共7项，后者扩充为10项（含1项形位公差注法和2项管路系统符号规定）。

但是，自1956年起，1959年、1970年乃至1974年，历次颁布的《机械制图》标准均属苏联的ГОСТ标准体系。为适应改革开放的需要，1983—1984年原国家标准局批准发布了第三套《机械制图》国家标准，共17项。该套国家标准依据国际标准（ISO）制定，并于1985年开始实施。这套标准达到了当时的国际先进水平。

2. 我国《机械制图》国家标准的现状

1984年以后，国际标准化组织不断地发布修订和新制定的制图标准。1993年开始，我国也陆续修订了1985年实施的第三套《机械制图》国家标准。现行标准已对第三套《机械制图》国家标准共计17项全部进行更新。但自20世纪末以来，随着我国标准修订的节奏提速，跟踪国际标准的步伐加快，《机械制

图》国家标准与其他国家标准一样，不再采取长周期、成批次的方式修订及发布。因此，1984 年后陆续修订、制定发布的《机械制图》国家标准不宜再称为“第×套《机械制图》国家标准”，当提及某项标准时，可按其发布年号称为“××××年版本”。

需要说明的是，国家标准 GB/T 131、GB/T 1800.1 ~ 2、GB/T 1182 等已由《机械制图》标准体系转入了与国际标准体系接轨的《产品几何技术规范（GPS①）》标准体系。

近年来，与本教材相关的最新国家标准主要有以下内容：

（1）GB/T 4459.7—2017　机械制图　滚动轴承表示法

（2）GB/T 271—2017　滚动轴承　分类

（3）GB/T 272—2017　滚动轴承　代号方法

（4）GB/T 1182—2018　产品几何技术规范（GPS）几何公差　形状、方向、位置和跳动公差标注

（5）GB/T 1800.1—2020　产品几何技术规范（GPS）线性尺寸公差 ISO 代号体系　第 1 部分：公差、偏差和配合的基础

（6）GB/T 1800.2—2020　产品几何技术规范（GPS）线性尺寸公差 ISO 代号体系　第 2 部分：标准公差带代号和孔、轴的极限偏差表

（7）GB/T 1805—2021　弹簧　术语

表总-1 给出了《机械制图》及绘制机械图样常用的部分《技术制图》等标准的新旧对照。已转入 GPS 标准体系的 GB/T 131 仍列入本表。这是因为该标准规定的粗糙度、波纹度等注法是专门用于机械图样的。

---

① 本课程教学中所涉及的各种“GPS”标准见本书第八章“四、标准化状况”。

表总-1　　　机械制图常用国家标准新旧对照表

分类	旧标准编号	现行标准编号	现行标准名称
术语	GB/T 13361—1992	GB/T 13361—2012	技术制图　通用术语
	GB/T 14692—1993	GB/T 14692—2008	技术制图　投影法
	—	GB/T 16948—1997	技术产品文件　词汇　投影法术语
图样管理	GB 10609. 1—1989	GB/T 10609. 1—2008	技术制图　标题栏
	GB 10609. 2—1989	GB/T 10609. 2—2009	技术制图　明细栏
基本规定	GB/T 14689—1993	GB/T 14689—2008	技术制图　图纸幅面和格式
	GB 4457. 2—1984	GB/T 14690—1993	技术制图　比例
	GB 4457. 3—1984	GB/T 14691—1993	技术制图　字体
	—	GB/T 17450—1998	技术制图　图线
	GB 4457. 4—1984	GB/T 4457. 4—2002	机械制图　图样画法　图线
	GB/T 17453—1998	GB/T 17453—2005	技术制图　图样画法　剖面区域的表示法
	GB 4457. 5—1984	GB/T 4457. 5—2013	机械制图　剖面区域的表示法
基本表示法	GB 4458. 1—1984	GB/T 17451—1998	技术制图　图样画法　视图
		GB/T 4458. 1—2002	机械制图　图样画法　视图
		GB/T 17452—1998	技术制图　图样画法　剖视图和断面图
		GB/T 4458. 6—2002	机械制图　图样画法　剖视图和断面图
	—	GB/T 19096—2003	技术制图　图样画法　未定义形状边的术语和注法
	GB 4458. 2—1984	GB/T 4458. 2—2003	机械制图　装配图中零、部件序号及其编排方法
	GB 4458. 3—1984	GB/T 4458. 3—2013	机械制图　轴测图
	GB 4458. 4—1984	GB/T 4458. 4—2003	机械制图　尺寸注法
	GB/T 16675. 1—1996	GB/T 16675. 1—2012	技术制图　简化表示法　第1部分：图样画法

续表

分类	旧标准编号	现行标准编号	现行标准名称
基本表示法	GB/T 16675. 2—1996	GB/T 16675. 2—2012	技术制图　简化表示法　第2部分：尺寸注法
	GB 4458. 5—1984	GB/T 4458. 5—2003	机械制图　尺寸公差与配合注法
	—	GB/T 15754—1995	技术制图　圆锥的尺寸和公差注法
	GB/T 1800. 1—2009 GB/T 1801—2009	GB/T 1800. 1—2020	产品几何技术规范（GPS）线性尺寸公差ISO代号体系　第1部分：公差、偏差和配合的基础
	GB/T 1800. 2—2009	GB/T 1800. 2—2020	产品几何技术规范（GPS）线性尺寸公差ISO代号体系　第2部分：标准公差带代号和孔、轴的极限偏差表
	GB 131—1983	GB/T 131—2006	产品几何技术规范（GPS）技术产品文件中表面结构的表示法
	GB/T 1182—2008	GB/T 1182—2018	产品几何技术规范（GPS）几何公差　形状、方向、位置和跳动公差标注
	GB/T 12212—1990	GB/T 12212—2012	技术制图　焊缝符号的尺寸、比例及简化表示法
	GB 4459. 1—1984	GB/T 4459. 1—1995	机械制图　螺纹及螺纹紧固件表示法
	GB 4459. 2—1984	GB/T 4459. 2—2003	机械制图　齿轮表示法
	GB 4459. 3—1984	GB/T 4459. 3—2000	机械制图　花键表示法
	GB 4459. 4—1984	GB/T 4459. 4—2003	机械制图　弹簧表示法
	GB 4459. 5—1984	GB/T 4459. 5—1999	机械制图　中心孔表示法
	GB/T 4459. 6—1996	GB/T 4459. 8 ~ 4459. 9—2009	机械制图　动密封圈　第1部分：通用简化表示法 机械制图　动密封圈　第2部分：特征简化表示法
	GB/T 4459. 7—1998	GB/T 4459. 7—2017	机械制图　滚动轴承表示法
	—	GB/T 24739—2009	机械制图　机件上倾斜结构的表示法
图形符号	GB 4460—1984	GB/T 4460—2013	机械制图　机构运动简图用图形符号

绪　　论

一、绪论的地位及特点

教师讲授每一堂课一般都有新课导入环节，“绪论”则可视为“新课程导入”。绪论部分的内容因课程而异，随版本而别，且繁简不一。不过，但凡绪论通常都要说明为什么要学习本课程，强调本课程研究对象的重要性，并介绍本课程的主要内容。

绪论课的良好教学效果，将会对激发学生学习本课程的兴趣，使学生萌发对本课程学习内容的求知欲，起到积极的引导作用。有部分教师认为：绪论课是可有可无的部分。恰恰相反，讲好绪论课对一门课程教学的顺利开展是至关重要的。

二、教学目的和要求

1．了解本课程的研究对象——机械图样在生产中的重要作用。

2．了解本课程的任务、特点及主要内容。

3．了解工程图学的发展简史。

4．了解我国机械制图标准化的沿革和现状。

三、教学重点和难点

1．重点

使学生理解机械图样的重要性及由机械图样的重要性所决

定的本课程的重要性。

2. 难点

激发学生的学习兴趣，认识到学好本课程的重要性。

四、教学建议

1. 绪论部分的教学在以新教材为蓝本的同时，教师可根据自身的工作经验和教学体会对绪论所要讲述的内容进行恰当的调整和充实，采用现代多媒体教学技术和多种教学方法，直观生动地介绍，特别要注意结合专业和培养目标，有针对性地教学。

2. 学好本课程的重要性是由本课程的研究对象——机械图样本身的重要性所决定的。因此，要使学生认识到学好本课程的重要性，必须先讲清楚机械图样的重要性，并予以强调。

3. 绪论部分的教学应重视学生标准化意识的确立，在阐述中要对学生“晓之以理”，可以从以下 3 个方面说明严格遵守制图国家标准的重要性和必要性。

（1）贯彻制图国家标准是遵守技术领域里的法制规定的问题，因此必须向学生强调：在学习时及以后工作中要严格地贯彻并执行标准，端正学习态度，逐步养成严谨、精益求精的工作作风。

（2）制图国家标准是制图教材编写、制图教学的根本依据。

（3）制图国家标准是使图样能真正成为工程界共同的技术语言的技术保证。要向学生讲清楚，如果图样的画法和标注各行其是、无章可循，那么，一人所绘之图，他人可能看不懂。因此，必须制定和遵守统一的标准。再进一步讲，图样的画法和标注规定不但要在全国范围内统一标准，还必须与国际标准保持一致。只有这样，才能更好地适应国际化的需要，消除我国与其他国家的技术壁垒，有利于与其他国家开展广泛的技术交流和贸易往来。

4. 要明确在绪论课中介绍我国工程图学发展简史的目的，借以激励学生的民族自尊心，寓爱国主义教育于教学之中。

第一章　制图基本知识与技能

一、本章的地位和特点

1. 本章的地位

本章所讲述的制图基本知识及通过练习要求学生掌握的制图基本技能是学习和掌握后续各章内容的基础与前提，具体反映在4个“奠定”上：

（1）为掌握制图基本规定奠定基础。自本章起，几乎每次作业都涉及图幅、比例、字体和图线，后续内容仍有很多相应的国家标准规定，学生能否掌握和正确运用这些制图的基本规定，在很大程度上取决于本章对这部分内容的教学。

（2）为解决尺寸标注的正确性奠定基础。在尺寸标注的4个方面的基本要求中，正确性要求主要指所标注的尺寸是否符合尺寸注法（GB/T 4458.4）的规定。尺寸注法的各项规定都集中在本章进行讲解。

（3）为绘图技能的形成奠定基础。这主要包括3个方面，即：学会正确使用绘图工具；掌握平面图形作图的基本方法；掌握绘图工作法（即绘图步骤）。

（4）为养成认真、细致的工作作风和精益求精的工匠精神奠定基础。

2. 本章的特点

本章的前半部分涉及较多的概念和规定，一般无须从理论上讲解，但需花较多的时间来识记。后半部分内容则需在理解的基础上多做练习，实践性要求较高，以培养学生的绘图技能，与以后提高图面质量和作图速度有极大的关系。

二、教学目的和要求

通过本章的学习，使学生能达到以下要求：

1. 掌握国家标准中有关图幅、比例、字体和图线等制图基本规定以及尺寸注法的规定，并能初步建立标准化意识和技术领域中的法制观念。

2. 能正确使用一般的绘图工具和仪器，掌握平面图形的尺寸分析、线段分析和基本作图方法，为后续各章的教学奠定较好的基础。

3. 培养学生认真负责、严谨细致的工作作风。

三、教学重点和难点

1. 重点

（1）掌握图幅和图线等制图基本规定和尺寸注法的规定。

（2）掌握平面图形的作图方法（包括线段分析、尺寸分析和作图顺序），并熟练掌握圆弧连接的作图方法。

2. 难点

（1）正确理解尺寸注法的 4 项基本规则。

（2）平面图形的线段分析，特别是对连接线段和定位尺寸的分析。

四、标准化状况

本章所依据的现行国家标准主要有以下 8 项：

GB/T 14689—2008　技术制图　图纸幅面和格式

GB/T 14690—1993　技术制图　比例

GB/T 14691—1993　技术制图　字体

GB/T 4457.4—2002　机械制图　图样画法　图线

GB/T 17450—1998　技术制图　图线

GB/T 16675. 2—2012　技术制图　简化表示法　第 2 部分：尺寸注法

GB/T 4458. 4—2003　机械制图　尺寸注法

GB/T 10609. 1—2008　技术制图　标题栏

对于以上标准的现况需要说明以下几点：

1. 以上 8 项标准在制图标准体系中分属 3 类标准（见表总-1），即：

（1）《图幅》《比例》《字体》《图线》属于制图基本规定。

（2）《尺寸注法》（两项）属于制图基本表示法。

（3）《标题栏》属于图样管理制度方面的规定。

2. 1993 年发布的《图幅》《比例》《字体》3 项标准均属“技术制图”，并申明代替了 1984 年发布的“机械制图”的相应标准，即机械制图中关于图幅、比例和字体的规定均应执行技术制图标准。《技术制图　图纸幅面和格式》（简称《图幅》）（GB/T 14689—2008）是对国际标准一致性程度的修改（MOD）采用。

3. 《技术制图　图线》（GB/T 17450—1998）中并未申明代替《机械制图　图线》（GB/T 4457. 4），因此这两项图线标准均为现行有效的标准。GB/T 17450 是等同（IDT）采用 ISO 标准而制定的。为与 ISO 标准接轨，又兼顾我国的习惯，GB/T 4457. 4—2002 则是修改采用了 ISO 标准。

五、教学建议

1. 关于本课程与制图标准的关系，虽然在绪论中已提及，但是学生未必能留下深刻的印象。本章是本课程教学中首次具体介绍制图国家标准规定的一章，并且涉及制图国家标准较多，教师应注意反复强调标准规定的严肃性、权威性和法制性，使学生能真正较好地确立标准化意识。

2. 掌握各种常用绘图工具和仪器的正确使用方法是本章教学内容的重点之一。有条件的学校可采用多媒体教学等手段，通过直观教学使学生加深印象。也可由教师直接进行手工尺规绘图方法和技巧的分组演示（可以将6名左右学生分为一组）。教师演示的内容可包括：图纸的固定，丁字尺的使用，正六边形的画法（用三角板配合丁字尺的作图方法，不采用连续截取的等分法），15°的任意整数倍角度的画法（用一副三角板配合丁字尺，不使用量角器），画粗实线铅笔的削法，粗实线、细实线的运笔方法，圆规的使用方法，以及如何使铅笔不脱离直尺能一笔画两个箭头的方法等。教学中，要强调画圆或画正多边形时先画中心线（即先定圆心、中心），熟练掌握尺规画多边形的方法（这对钳加工、焊接加工等专业尤为重要）。

3. 正三角形、正四边形、正五边形和正六边形是实际生产和生活中经常用到的图形。因此，通过本章的教学，应使学生熟练掌握其画法。教材中介绍的正五边形画法是一种近似画法。如果绘图要求精度高，可采用计算机或计算法绘制。这里以正七边形画法为例，介绍一种包括正五边形在内的正奇数边形通用近似画法（供教学时参考），见表1－1。

4. 本章练习的目的是掌握制图基本规定和尺寸注法规定，掌握绘图的基本技能。能否达到预期的要求，这不仅对学生以后绘制零件图和装配图的图面质量产生深远影响，也将影响学生能否很好地养成严谨细致的工作作风和精益求精的工匠精神。因此，教师必须对作业提出严格要求，注意课堂讨论、实训环节，加强巡视指导和点评，发现问题及时纠正，多做必要的演示指导；认真进行批改，并展示优秀作业，以提高学生的心理定式和认识水平，同时做好作业讲评。凡不符合要求者，要责令其重做。

表 1-1　　正七（奇数）边形通用画法

图示	说明
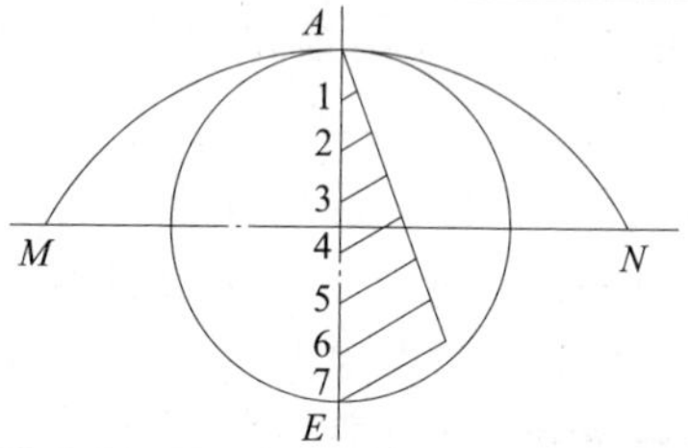	将圆直径 AE 7 等分；以 E 为中心、AE 为半径画弧，交水平直径延长线于 M、N 点
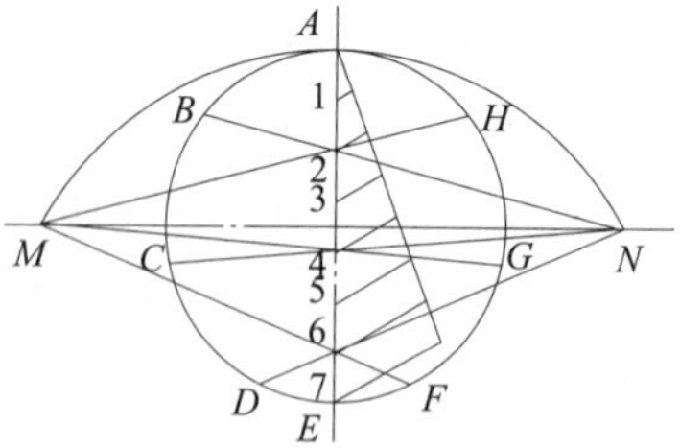	将 M、N 点分别与偶数点（或奇数点）连接，并延长与圆弧分别交于 H、G、F、B、C、D 点，加上 A 点（或 E 点），为 AE 圆周的 7 等分点
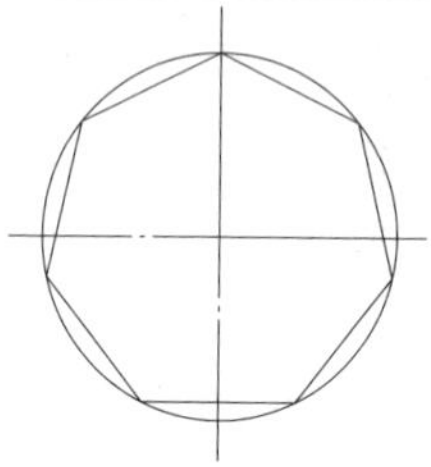	顺次连接圆周上的 7 个等分点，即得到正七边形

5. 在讲述《图幅》的规定时，要重点强调看图方向的两种规定。如果搞不清看图方向的规定，读图时就有可能出现类似将“16”误读为“91”的情况。这是一个十分严重的问题，切不可掉以轻心。我国于 1984 年前发布的制图标准中对看图方向一直没有明确规定。在认识到这一问题的重要性后，1984 年发布的标准 GB 4457. 1 中特地新增了“标题栏中的文字方向为看图的方向”的规定。1993 年修订该项标准（GB/T 14689）时，又在 1984 年国家标准规定的基础上增加了另一种看图方向的规定，即按方向符号所指示的方向看图。《图幅》国家标准修订为

2008 版后，仍保留了 1993 版中的两种看图方向规定。需要强调的是，绘图方向与看图方向是一致的。

教师在讲授看图方向规定时，除了按国家标准中的条文讲清具体规定外，还要注意以下 3 点：

一是要举例说明明确看图方向规定的必要性和重要性。例如，如果看图方向不定时，斜向的尺寸“16”可能误读成“91”。

二是要说明第二种看图方向规定的应用场合。在设计绘图时，将大于等于 A3 的图纸竖放、竖画、竖看，或将 A4 图纸横放、横画、横看的情况不仅在企业中经常遇到，在制图课的装配体或零件测绘中，以及毕业设计中也常常会遇到这种情况。

三是要注意国家标准中对看图方向的规定，除文字性条文外，还应借助图例做补充说明。教师要善于归纳、总结出图和文中反映出的带有规律性的要点，例如：

（1）第二种看图方向必须是在第一种规定的基础上，将图纸逆时针旋转 90°。

（2）两种看图方向的规定中，标题栏的方位均置于图纸的右边（即右下角或右上角）。

以上两个要点，国家标准条文中未能明言，而是通过图例明示的。

6. 本章教学内容中涉及后续章节尚未学到的知识，或涉及设计、生产实践知识时，不宜讲得过多、过细。例如，讲图线和尺寸注法的应用时，不宜面面俱到，不要举例过多，要把握好分寸，不要强求学生理解和掌握，避免有关知识成了“夹生饭”。这些内容可在后续章节的教学中引导学生逐步领会和掌握。

7. 注写线性尺寸数字时，字头的方向问题是尺寸注法诸多规定中最重要的规定之一。尺寸数字作为生产的指令，将其写倒、注反而导致的后果是不言而喻的。但是，学生从初次练习到本课程最后一次习题为止，这类错误往往一犯再犯，因此，教师在第一次讲述其注法规定时就应加以强调。同时，教学中教师要以正确标注为主，避免过多介绍反例，以免误导学生。

8. 对平面图形的线段分析与画法，应讲清分析方法，使学生能做到概念清楚、分类准确、作图步骤明确。

为达到这一教学目的，教师可按教材中给出的思路和方法进行讲授，也可以创新出其他的讲授法。这里介绍一种按平面图形中每一线段的充要条件数的构成情况进行线段分析的讲授法。

众所周知，在平面几何中解斜三角形时，必须已知 3 个元素（条件），方可求解其他元素。与此类同，不难通过分析得出结论：确定一个圆弧的充要条件数恒为“3”。换言之，在平面图形中只要给定 3 个条件，即可唯一地确定一段圆弧（或直线段）。根据充要条件数的构成情况，可将平面图形中的线段分为 4 类，即：已知线段、中间线段、连接线段和三连弧，具体分类方法见表 1－2。

表 1－2　　　　平面图形的线段分析

<table>
<tr><th rowspan="3">线段分类</th><th colspan="4">给定条件数</th><th rowspan="3">绘图顺序</th></tr>
<tr><th colspan="2">线性（或角度）尺寸个数</th><th rowspan="2">相切（或过定点）处数</th><th rowspan="2">充要条件数（总条件数）</th></tr>
<tr><th>定形尺寸（半径）</th><th>定位（或定向）尺寸</th></tr>
<tr><td>已知线段</td><td>1</td><td>2</td><td>0</td><td rowspan="4">3</td><td>第一步</td></tr>
<tr><td>中间线段</td><td>1</td><td>1</td><td>1</td><td>第二步</td></tr>
<tr><td>连接线段</td><td>1</td><td>0</td><td>2</td><td rowspan="2">最后</td></tr>
<tr><td>三连弧</td><td>0</td><td>0</td><td>3</td></tr>
</table>

注：1. 本表所说的“线段”，包括直线段和曲线段（圆弧）。

2. 直线段的定形尺寸可视为半径 $R\to\infty$ 。

3. 定向尺寸指角度尺寸。

从表 1－2 中可看出，在 4 类线段中，无论给定条件属于何种情况，其总条件数必须为“3”。也就是说，只要满足充要条件数，线段（含圆弧）就可画出来。

在计算条件数时，可视作“条件”而被计入条件数的包括：圆弧的半径或直径（定形尺寸）、圆心的定位尺寸、斜直线段的倾斜角度（定向尺寸）、相切处的处数和过定点的处数。在4类线段中，尺寸个数达3个的为已知线段，可直接画出；少1个定位尺寸的为中间线段，需第二步画出；尺寸个数少2个或2个以上的需最后一步画出。

表1－2中被称为“三连弧”的线段情况比较特殊，这是一种半径（定形尺寸）和圆心位置（定位尺寸）均未直接给定的特殊圆弧。但是，与该圆弧相切的处数或（和）经过定点的处数之和仍为“3”，因此，它仍是可以唯一确定的圆弧。图1－1、图1－2所示为三连弧的实例，它们分别要求满足3个相切条件。

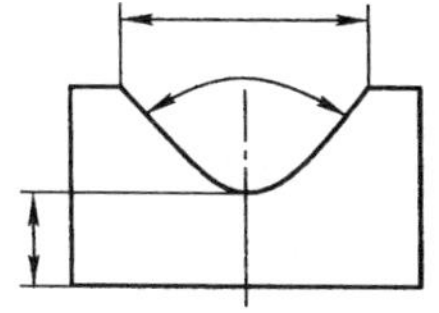

图1－1　三连弧实例（一）

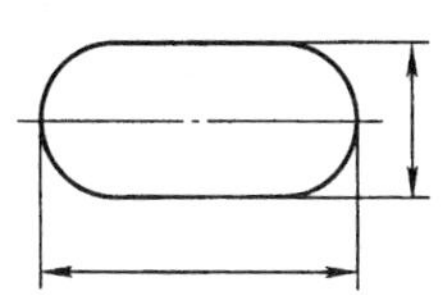

图1－2　三连弧实例（二）

以上所列举的两个实例中的三连弧，因其均可按给定条件唯一地作出该圆弧，故在图形上无须标注半径尺寸。在具体教学过程中，三连弧的情况可不做介绍，或作为学有余力的学生的提高内容。

9. 在讲解斜度和锥度的作图方法时，宜采用比较法讲清两者的区别，以便使学生分清两者的概念，避免作图错误。具体可从以下3个方面进行比较：

（1）概念上的差异。通俗地讲，斜度是指一条直线对另一条直线或一个平面对另一个平面的倾斜程度，特点是单向分布。

锥度是指正圆锥底圆直径与锥高之比，特点是双向分布。

（2）计算方法及依据的标准不同。斜度（S）的计算如图1－3所示。

斜度 $S=\frac{H}{L}=\tan\beta=1:\cot\beta$

锥度（C）的计算如图 1－4 所示。

锥度 $C=\frac{D}{L}=2\tan\frac{\alpha}{2}=1:\left(\frac{1}{2}\cot\frac{\alpha}{2}\right)$

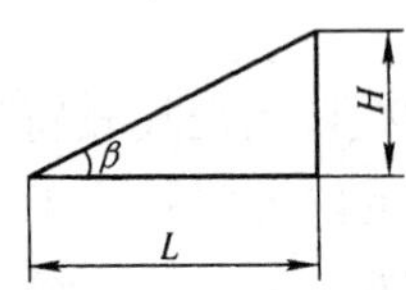

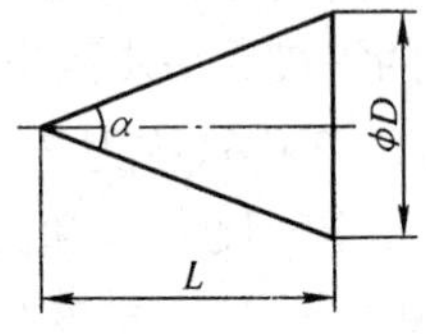

图 1－3　斜度的计算　　　　图 1－4　锥度的计算

在以上计算式中，斜度和锥度的基本值通常用 $1:n$（n 为正整数）的形式表示，并应分别由国家标准 GB/T 4096.1—2022 和 GB/T 157—2001 中查取标准值。

（3）画法上的区别。现以斜度 $S=1:6$ 和锥度 $C=1:6$ 为例，比较两者作图时的区别，作图方法分别如图 1－5 和图 1－6 所示。

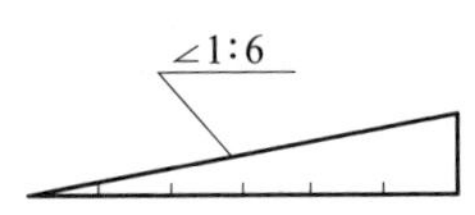

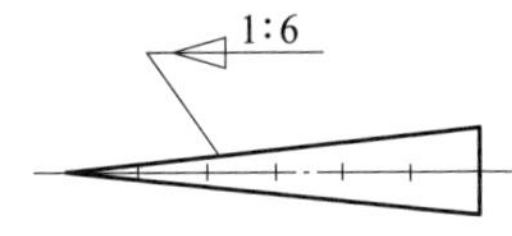

图 1－5　斜度 1:6 的作图　　　　图 1－6　锥度 1:6 的作图

对于锥度来说，若不注意其双向分布的特点，作图时很容易把它画成锥底半径和锥高之比，而混同于斜度。

六、基本概念释疑及教学误区辨析

1. 现行的两项《图线》标准之间的关系

机械制图标准中有关图线的规定从 1984 年发布及实施后，贯彻了十余年，1998 年标准制定部门发布了《技术制图　图线》标准。但是，1998 版标准并未申明代替 1984 版标准。随后，根据技术制图对图线的新规定，又修订了 1984 版的《机械制图　图线》标准。因此，目前有关图线的规定应同时贯彻以下两项标准：

GB/T 17450—1998　技术制图　图线

GB/T 4457.4—2002　机械制图　图样画法　图线

后一项标准主要规定了机械图样中采用的各种线型及其应用场合，而关于图线的有关术语、基本线型的种类、图线的尺寸及画法等基本规定则应遵循 GB/T 17450—1998 中的规定，GB/T 4457.4—2002 中没有重复这些基本规定。两项标准的主要区别在于：前者作为适用于各种技术图样的通则性规定，不可能给出各种基本线型在各专业制图领域中的具体应用；后者补充规定了机械图样中各种线型的具体应用，使技术制图标准的基本规定在机械图样中得以贯彻实施。两者相辅相成、互为补充。

由上述可知，在绘制机械图样时，必须同时贯彻这两项有关图线的现行国家标准。

2．线型的新规定

为适应各种技术图样的设计绘图需要，GB/T 17450—1998 中规定了 15 种基本线型，见表 1－3。

表 1－3　《技术制图　图线》规定的基本线型（摘自 GB/T 17450—1998）

代码（No.）	基　本　线　型	名　称
01		实线
02		虚线
03		间隔画线
04		点画线
05		双点画线
06		三点画线
07		点线
08		长画短画线
09		长画双短画线
10		画点线
11		双画单点线
12		画双点线
13		双画双点线
14		画三点线
15		双画三点线

该标准还规定，可根据需要将基本线型画成不同粗细，并令其变形、组合而派生出更多的线型。根据这些规定，考虑到机械设计制图的需要，在 GB/T 4457.4—2002 中规定了 9 种线型，见表 1 - 4。

比较表 1 - 3 和表 1 - 4 可知，表 1 - 4 中的 9 种线型分属于表 1 - 3中的 4 种基本线型，即：实线（No.01）、虚线（No.02）、点画线（No.04）和双点画线（No.05）。9 种线型中的波浪线可视为由细实线（No.01.1）变形而派生出来的；双折线则可视为由细实线（No.01.1）与几何图形（双折符号）组合而派生出来的。因此，表 1 - 4 中对序号 1 ~3 的 3 种线型给出了同一个代码 No.01.1。

除实线（No.01）外，组成各种线型的要素（即线素），包括点、画和间隔等的长度均有规定，具体规定可查阅 GB/T 17450—1998。

表 1 - 4　机械制图的线型及其应用（摘自 GB/T 4457.4—2002）

<table>
<tr><th>序号</th><th>代码（No.）</th><th>线　型</th><th>应用</th></tr>
<tr><td rowspan="5">1</td><td rowspan="7">01.1</td><td rowspan="5">细实线</td><td>过渡线（图 1 - 7、图 1 - 9）</td></tr>
<tr><td>尺寸线和尺寸界线</td></tr>
<tr><td>指引线和基准线（图 1 - 8）</td></tr>
<tr><td>剖面线</td></tr>
<tr><td>弯折线（图 1 - 9）</td></tr>
<tr><td>2</td><td>波浪线</td><td rowspan="2">断裂处边界线；视图与剖视的分界线</td></tr>
<tr><td>3</td><td>双折线</td></tr>
<tr><td rowspan="4">4</td><td rowspan="4">01.2</td><td rowspan="4">粗实线</td><td>可见轮廓线</td></tr>
<tr><td>相贯线</td></tr>
<tr><td>模样分模线（图 1 - 10）</td></tr>
<tr><td>剖切符号用线（图 1 - 11）</td></tr>
<tr><td>5</td><td>02.1</td><td>细虚线</td><td>不可见轮廓线</td></tr>
</table>

续表

序号	代码（No.）	线　型	应用
6	02.2	粗虚线 - - - - - - - - -	允许表面处理的表示线（图 1－12）
7	04.1	细点画线 ——·——·——	轴线和对称中心线
			剖切线
8	04.2	粗点画线 ——·——·——	限定范围表示线(图 1－13)
9	05.1	细双点画线 ——··——··——	相邻辅助零件的轮廓线（图 1－14）
			极限位置的轮廓线（图1－15）
			轨迹线（图 1－15）
			中断线（图 1－19）

注：代码中的前两位表示基本线型（见表 1－3），最后一位表示线宽种类，其中“1”表示“细”，“2”表示“粗”。

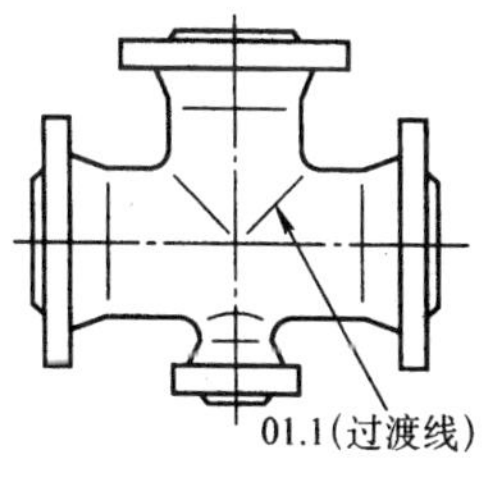

图 1－7　过渡线

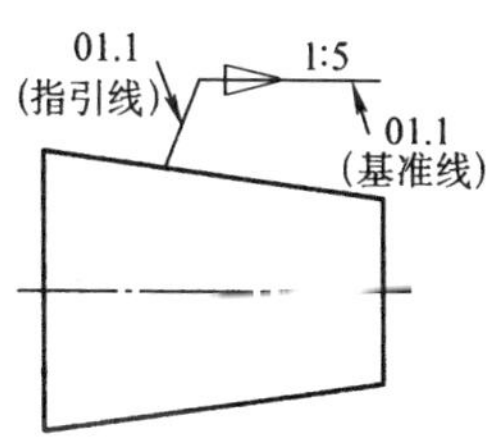

图 1－8　指引线和基准线

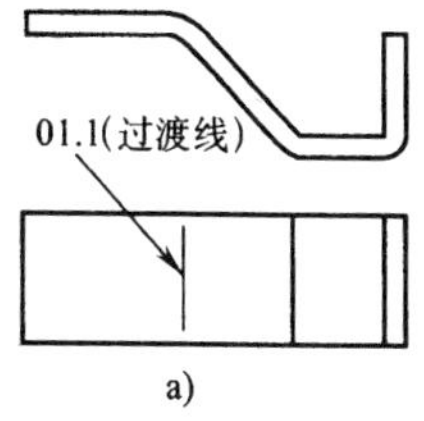

a)

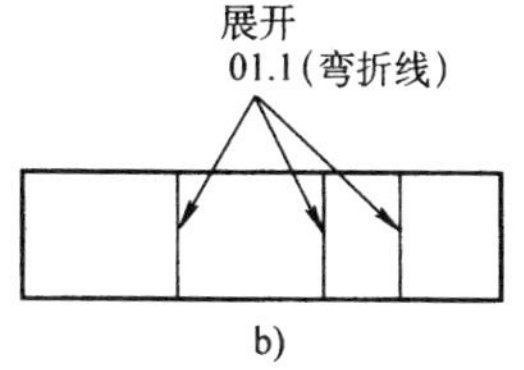

b)

图 1－9　过渡线和弯折线

a）过渡线　b）弯折线

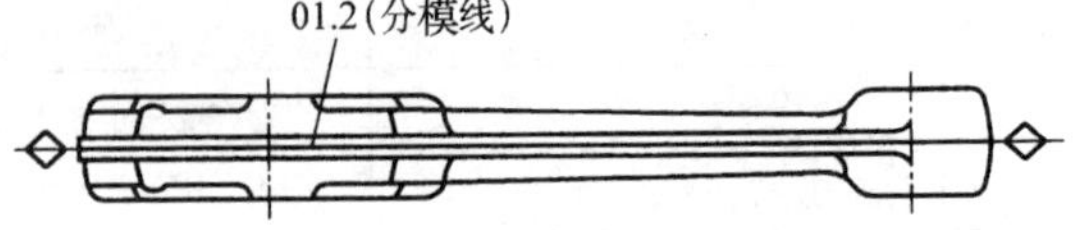

图1－10　模样分模线

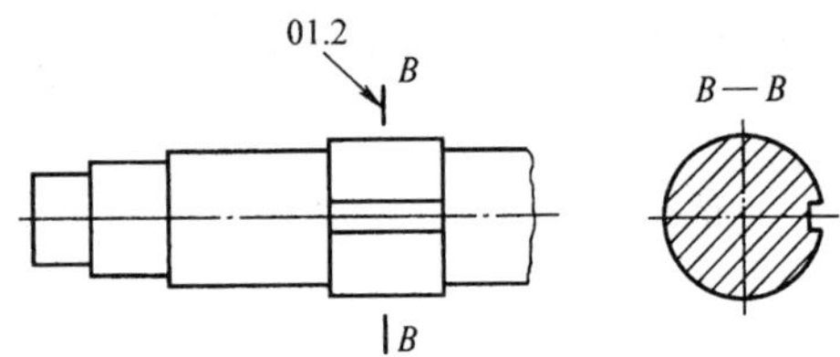

图1－11　剖切符号用线

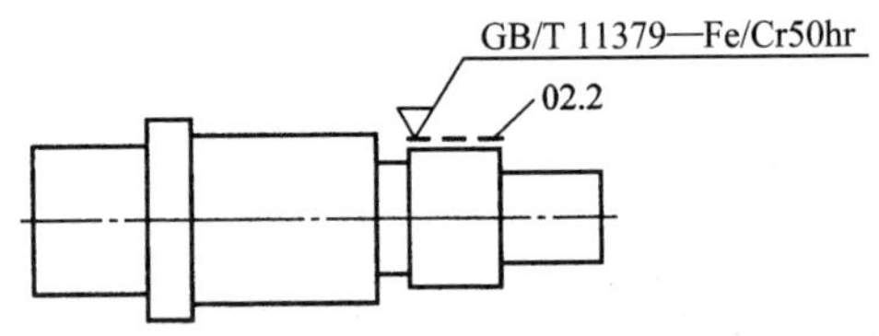

图1－12　允许表面处理的表示线

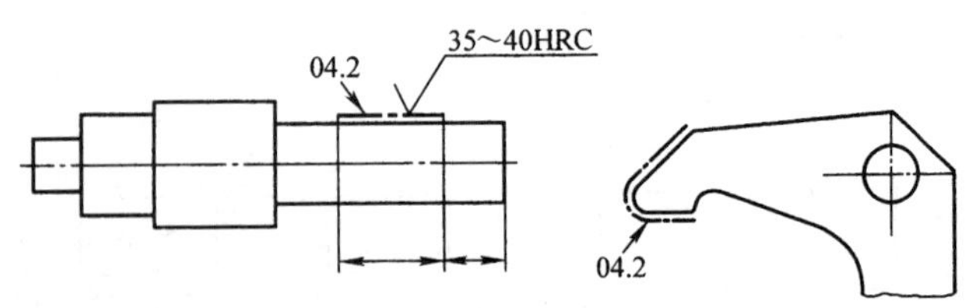

图1－13　限定范围表示线

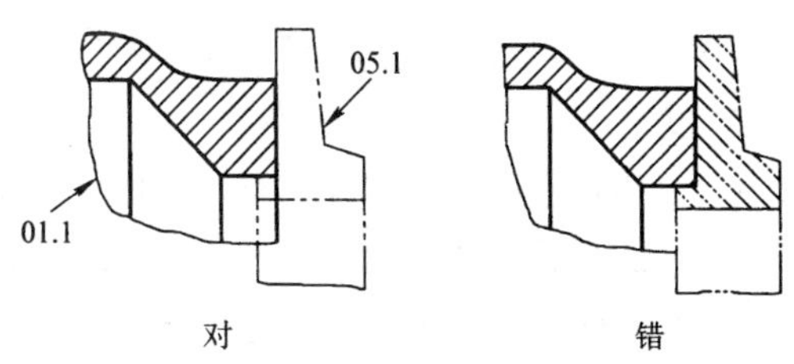

图 1－14　相邻辅助零件的轮廓线

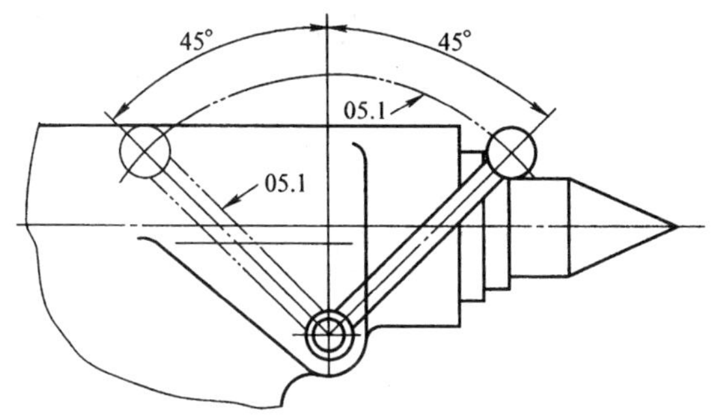

图 1－15　运动零件的极限位置轮廓线及轨迹线

3. 新、旧《图线》标准的主要区别

（1）新增了粗虚线（No. 02. 2）的线型。增加了粗虚线后，使用于机械制图的线型（表 1－4）在 1984 年规定的基础上增加到 9 种。粗虚线用于允许表面处理的表示线。

（2）变更了部分线型的名称。增加了粗虚线后，用于表示不可见轮廓线的虚线就改称为细虚线。为明确线型的线宽类别，原称双点画线的线型也改称为细双点画线。

总之，在命名线型时，除由基本线型派生出来的波浪线和双折线保持原有名称未变更外，其余 7 种线型的名称均是在基本线型（表 1－3）的名称前冠以“粗”或“细”而命名的。

（3）GB/T 4457. 4—2002 明确了图线宽度的分组和粗细图线间的比例。GB/T 4457. 4—1984 中规定，机械图样用图线分粗、细两种，用 b 表示粗线的线宽代号，细线的宽度约为 $b/3$，即粗、细线的宽度比率为3∶1。

根据国际标准的最新规定，我国于 1998 年发布的 GB/T 17450 中改变了上述规定。GB/T 17450—1998 将图线分为粗线、中粗线和细线 3 种，宽度比率为4∶2∶1。需要注意的是，这是对各种专业制图中图线宽度比率的总规定。GB/T 4457.4—2002 则明确规定，在机械图样中采用粗、细两种线宽，它们之间的比率为2∶1，即只取相邻 2 个档次的线宽比率，粗线并不区分“粗”或“中粗”。图线宽度代号也由 b 改为国际上通用的 d。这样，当粗线的宽度为 d 时，细线的宽度应为 $d/2$。在实际绘图中，粗线宽度 d 优先采用0.5 mm、0.7 mm。建议教学中演示相应铅笔铅芯的削法，以保证绘图时图线均匀、清晰。但是，采用 CAD 软件绘图过程中，在“图层特性管理器”中设置粗实线宽度时，常选0.3 mm，细线宽度选0.13 mm 或0.15 mm，以保证打印图样的效果。

由表 1-4 可见，在新规定的 9 种线型中，粗线共有 3 种，即：粗实线（No.01.2）、粗虚线（No.02.2）和粗点画线（No.04.2）；其余 6 种均为细线。

（4）在图线宽度的数系中增加了 0.13 mm 的线宽尺寸，使线宽数系由原来的 8 种增加为 9 种，即：0.13 mm、0.18 mm、0.25 mm、0.35 mm、0.5 mm、0.7 mm、1 mm、1.4 mm、2 mm。

（5）为了与国际接轨，过渡线由粗实线改为用细实线表示（图 1-7）。

（6）改变了剖切符号的线宽。GB 4458.1—1984 中规定剖切符号的线宽为 $b \sim 1.5b$，即为粗实线的 1～1.5 倍宽；GB/T 17452—1998 中只笼统地规定用粗短画线表示；GB/T 4457.4—2002 中则明确规定了剖切符号的线型为粗实线。

（7）明确规定了模样分模线用粗实线表示。模样分模线是指借助模型、模具制作的铸件和锻件上的分模线。图 1-10 所示为这类零件的画法实例。图中左右两侧的符号为起模斜度符号。

(8) 轨迹线由细点画线改为细双点画线（图1－15）。

4. 关于线型画法及选用的几点说明

(1) 粗虚线与粗点画线的选用。这两种粗线都是用来指示零件上的某一部分有特殊要求。但是，它们的应用场合却不尽相同。由表1－4及图1－12可见，粗虚线专门用于指示该表面有表面处理要求，它的应用场合十分明确。表1－4中指出，粗点画线为限定范围的表示线，而限定哪些方面，在GB/T 4457.4—2002中并未具体一一列举。根据有关标准，粗点画线的应用常见于以下场合：

1) 限定局部热处理的范围，如图1－13所示。

2) 限定不镀（涂）覆范围，如图1－16所示。

3) 限定几何公差的被测要素范围，如图1－17所示。

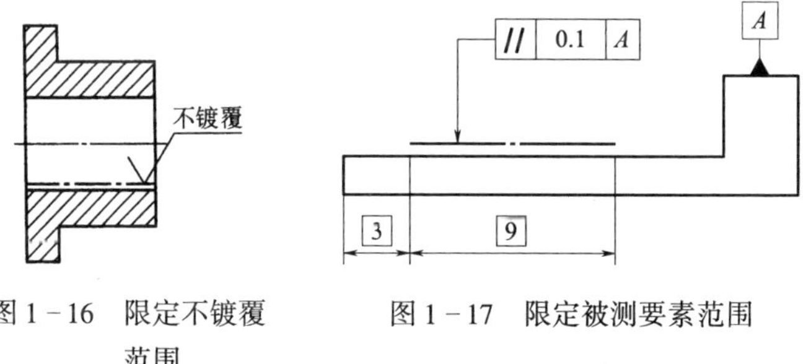

图1－16　限定不镀覆范围

图1－17　限定被测要素范围

需要注意的是，制图标准主要规定线型及其应用，至于粗虚线和粗点画线划定的部分，应如何给出具体的设计、工艺要求，则应按照有关的专项标准规定的代号进行标注。例如：

——金属镀覆和化学处理标识方法按GB/T 13911—2008标注。

——热处理技术要求在零件图样上的表示方法按JB/T

8555—2008 和 GB/T 24743—2009 标注。

——几何公差的图样表示法按 GB/T 1182—2018 标注。

（2）关于双折线的画法。在我国，表示断裂处边界的双折线的画法变动过几次，如图 1-18 所示，图 a 和图 b 的画法已经废止，现行的画法应按图 c 所示。图 c 所示的画法是国际上通用的画法。实际上，我国自 1996 年发布的标准 GB/T 4459.6 和 GB/T 16675.1 中便已开始启用这种画法。在 1998 年发布的《技术制图　图线》（GB/T 17450）、《机械工程　CAD 制图规则》（GB/T 14665）及 2002 年发布的《机械制图　图样画法　图线》（GB/T 4457.4）中均明确规定了双折线按图 1-18c 所示的国际通用画法。

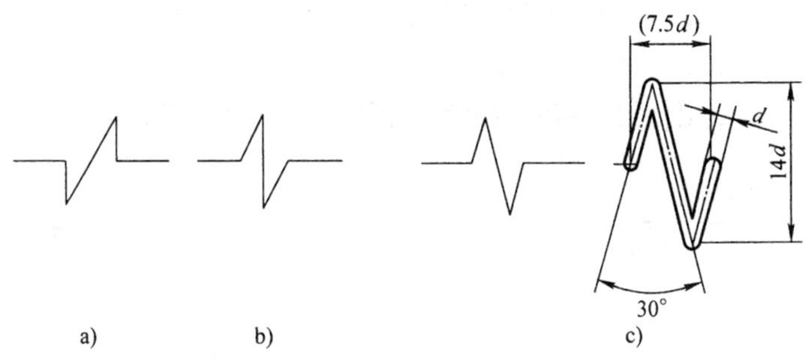

图 1-18　双折线的画法

a）1974 年国家标准中采用的画法　b）1984 年国家标准中规定的画法

c）1998 年起国家标准中规定的画法

（3）相邻辅助零件的线型及画法。相邻辅助零件是指不属于某一零、部件，但装配后与该零、部件相邻的另一零件。绘图时，相邻辅助零件的轮廓线用细双点画线表示，如图 1-14 所示。采用这种画法时应注意以下 3 点：

1）相邻辅助零件采用断裂画法时，断裂边界的波浪线仍应连续画出，不得画成“细双点画波浪线”，机械制图用的 9 种线型中没有这种线型。

2）相邻辅助零件的剖面区域不画剖面线。

3）零、部件的视图与相邻的辅助零件重叠时，其重叠部分的视图画法应不受影响，即相邻辅助零件不应覆盖为主的零件。

（4）断裂处边界线的线型选用。断裂画法通常可分为单边断裂（图1－11）和中间断裂（即中断处，如图1－19所示）。绘制断裂处的边界线有3种线型可供选用，即：波浪线、双折线和细双点画线。选用时，应根据机件的具体结构，兼顾绘图方便等因素来选取。

现分4种情况来分析各种断裂边界的线型选用。

1）中断处的边界线。这是指为缩短图形而断去中间部分后的断裂边界。这种画法适用于沿长度方向的形状一致或按一定规律变化的较长机件。一般来说，可供断裂边界选用的3种线型均可用作中断处的边界线，如图1－19所示。但是，当遇有图形的周边采用细实线相连的简化画法时，显然就不宜将波浪线作为中断处边界线，如图1－20所示。

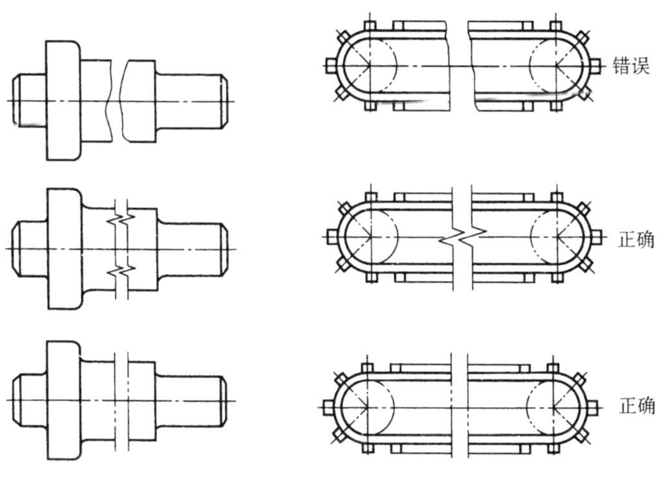

图1－19　中断处的三种画法　　图1－20　中断处画法的正与误

这里还要强调的是，细双点画线必须成对使用，不得单线使用，即只能用作中断处的边界线（见表1－4）。

2）单边断裂的边界线。单边断裂是指只画出断裂后剩下的部分，未画出断去的另一部分的情况。此时，断裂边界只能采用波浪线或双折线，如图1－11、图1－14 和图1－21 所示。这种情况不得将细双点画线作为断裂处边界线。

3）局部剖视中的断裂边界线。无论是在完整视图中画出的局部剖视（图1－21a），还是单独画出的局部剖视（图1－21b），其边界线既可画成波浪线，也可画成双折线，但不得画成细双点画线。

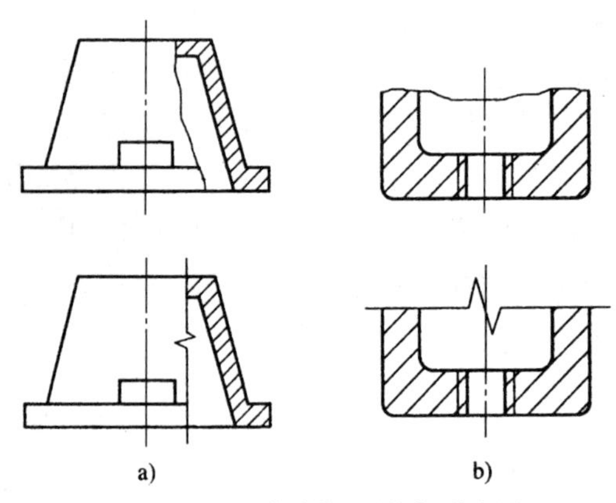

图1－21　局部剖视图的断裂边界

a）视图中局部剖视　b）单独画出的局部剖视

4）木材和圆柱体的断裂边界线。GB/T 4457.4—1984 中规定，木材和圆柱体的断裂处既可用波浪线表示，也可采用图1－22 所示的特殊画法。但是，取代该标准的 GB/T 4457.4—2002 中并未保留这条规定的文字条文，仅在一个图例中沿袭了图1－22 中圆柱体的断裂画法。那么，木材和圆柱体的断裂边界究竟采用何种线型为宜呢？对此，可以按以下两点进行理解和处理：

①作为基本规定，新、旧标准中对断裂边界用的 3 种线型的应用场合并未限定材料类别及是否为圆柱体。因此，图1－22

所示零件，若改用波浪线或双折线表示其断裂处边界，应被认为是允许的；当其断裂处为中断处时，则改用波浪线、双折线或细双点画线表示断裂边界也都应被认为是允许的。

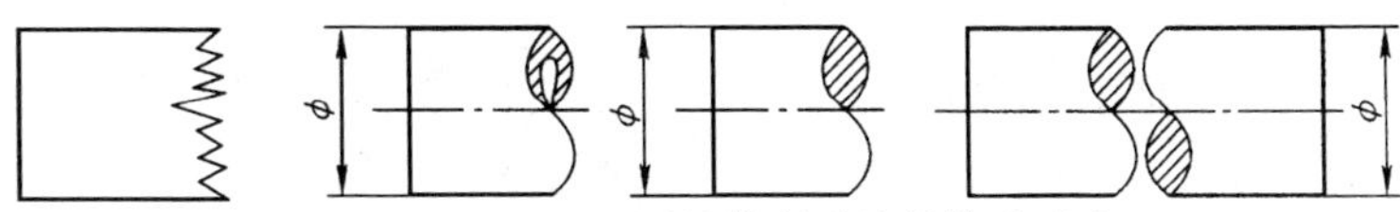

图 1－22　木材和圆柱体断裂处的特殊画法

②图 1－22 所示的特殊画法形象美、效果佳，在我国已沿用了数十年。而且，这些特殊画法与图线的新标准（GB/T 17450—1998）规定是吻合的。尖角转折的木材断裂边界线和由圆弧组成的圆柱体断裂边界线，如同普通波浪线一样，均可视为是由连续的细实线（属基本线型 No. 01）变形而成的，不过是变形的规律性各不相同而已。因此，这种画法仍应认为是允许采用的。

（5）关于线素长度的确定。线素是指组成不连续图线的各独立部分，如点画线中的点、画和间隔。1998 年以前的国家标准中，对线素的长度并无规定，只是在有关手册和教材中有些推荐的长度值，但各种说法并不统一。GB/T 17450—1998 中明确规定了各种线素的长度。机械制图用图线的线素及其长度见表 1－5。CAD 系统的线素应按GB/T 18686—2002的规定处理。

表 1－5　机械图样中的线素长度（根据 GB/T 17450—1998）

线素	线型代码（No.）	长度	应用说明
点	04、05	≤0.5d	用于点画线及双点画线中的点
短间隔	02、04、05	3d	用于非连续线型中的间隔
画	02	12d	用于虚线中的每一段（画）长度
长画	04、05	24d	用于点画线及双点画线中的画

注：1. 表中 d 为线宽代号，可分别表示粗、细线宽度。

2. “非连续线型”指表 1－4 中的序号 5～9，计 5 种。

3. “间隔”指非连续线型中点与画、点与点、画与画（虚线）之间空开部分的长度。

4. 线型代码（No.）见表 1－3。

5. 关于角度尺寸数字的注写规定

GB/T 4458.4—2003 中十分明确地规定，角度的数字一律写成水平方向。标准中还给出了 4 种注法（图 1-23）。

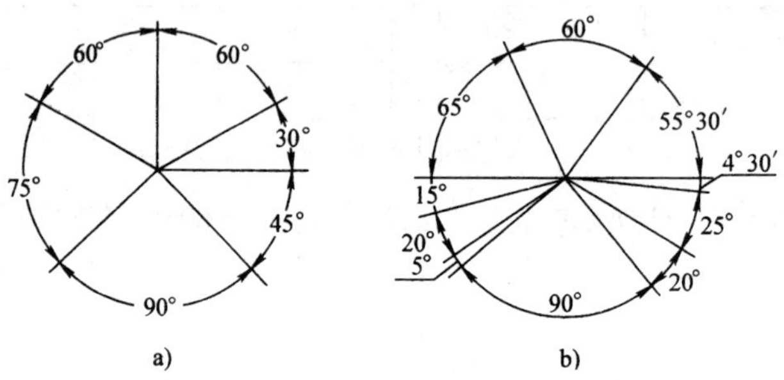

图 1-23　角度数字的注写位置

a）注写位置（一）　b）注写位置（二）

（1）注写在尺寸线的中断处。这是基本规定，如图 1-23a 所示和图 1-23b 所示的 65°、55°30′和 15°。

以下 3 种注写位置则是通过图例示明的。

（2）注写在尺寸线的上方。当角度处于上下居中位置，尺寸界线间又能容纳尺寸数字时采用，如图 1-23b 所示的 60° 和 90°。

（3）注写在尺寸线的外侧。当角度数值较小，且处于斜向方位时采用，如图 1-23b 中的 20°和 25°。

（4）引出标注。当角度数值很小时采用，如图 1-23b 中的 5°和 4°30′。

6. 关于标注尺寸用符号和缩写词的说明

目前，有关尺寸的标注方法的标准有两项：

GB/T 4458.4—2003　机械制图　尺寸注法

GB/T 16675.2—2012　技术制图　简化表示法　第 2 部分：尺寸注法

上述两项标准与 GB/T 4458.4—1984 相比有较大的变动，

其中标注尺寸用的符号和缩写词方面的变化较大，见表 1－6。该表是根据 GB/T 4458.4—2003 中表 A.1 编列的。现就该表中的有关问题说明如下：

表 1－6　标注尺寸的符号和缩写词（根据 GB/T 16675.2—2012）

序号	符号或缩写词			序号	符号或缩写词		
	含义	现行	曾用		含义	现行	曾用
1	直径	ϕ	（未变）	9	深度	↧	深
2	半径	R	（未变）	10	沉孔或锪平	⌴	沉孔、锪平
3	球直径	$S\phi$	球 ϕ	11	埋头孔	⌵	沉孔
4	球半径	SR	球 R	12	弧长	⌒	（仅变注法）
5	厚度	t	厚，δ	13	斜度	∠	（未变）
6	均布	EQS	均布	14	锥度	◁	（仅变注法）
7	45°倒角	C	$l\times45°$	15	展开长	○→	（新增）
8	正方形	□	（未变）	16	型材截面形状	GB/T 4656—2008	

（1）表中序号 5～7 及序号 9～11 是 1996 版标准中新增的。这些符号和缩写词在国际上已经通用。贯彻这些新的规定后，可使得图形上尽可能少地出现汉字，以方便各国间的技术交流。

（2）表中的“展开长”符号是 2003 版标准中新增的。展开长符号可用在类似于图 1－9b 中展开图上标注弯折前的下料长度。

型材截面形状符号主要用于金属结构件图样。符号的具体规定可由 GB/T 4656—2008 中查知。

（3）弧长符号虽不是新增的，但它注写的位置已由注在弧长数值的上方改为注在前方（图 1－24）。这样更改后，使得

表 1－6 中（除序号 6 外）的符号和缩写词的注写位置均统一地注在相应数值的前方了。这部分内容应根据各专业需要逐步介绍，在本章教学中应使学生重点掌握 *ϕ*、*R*、*Sϕ*、*SR* 的标注，机加工专业还应及早掌握倒角的标注。

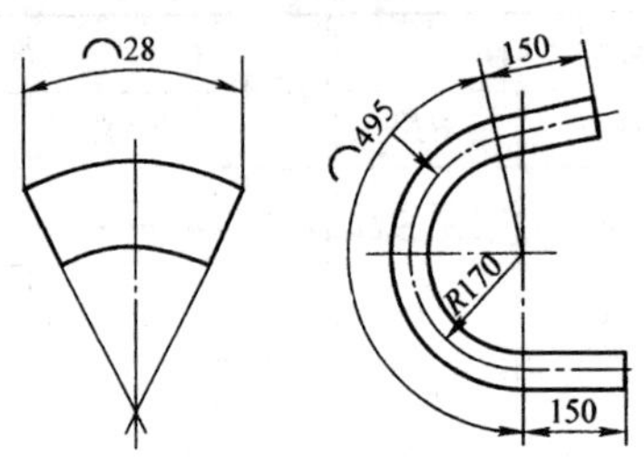

图 1－24　弧长的尺寸注法

1）关于倒角的标注，我国传统的注法是采用“1×45°”“2×45°”…的形式。实际上，这种注法属简化注法（又称旁注法）。简化注法是相对于普通注法而言的。倒角的普通注法是将倒角的长度和角度分别标注。将“1×45°”改为“*C*1”是更为简化的注写形式，这是由 GB/T 16675.2—1996 开始启用的，“*C*1”中的“*C*”是英文 Chamfer（倒角）一词的首字母。这种注法常见于美国、日本等国家的图样中。在 2004 版的相应国际标准中只采用“1×45°”的注写形式。在 GB/T 16675.2 中则将“1×45°”视为“简化前”的注写形式，将“*C*1”视为“简化后”的注写形式。应当明确，在贯彻GB/T 16675.2 的规定时，应优先采用“简化后”的注法，但也并不禁用“简化前”的注法。还需注意的是，“*C*1”和“1×45°”的注法只能适用于45°倒角，不能用于30°、60°的倒角。

2）展开长符号○→标在展开图上方的名称字母后面（如 *A*—*A* ○→）；当弯曲成形前的坯料形状叠加在成形后的视图画出时，则该图上方不必标注展开符号，但图中的展开尺寸应按照“○→ 200”（其中 200 为尺寸值）的形式注写。

第二章　正投影作图基础

一、本章的地位和特点

教材的前六章是基础教学阶段，本章是基础教学阶段中的理论基础单元，是基础的基础。它是本课程教学的重点之一。本章的教学效果将会从根本上影响本课程后续各章节的学习。

教材在编写本章时，首先以简单几何体为例引入投影法，随即提出了视图的概念，又讲解了简单体三面视图，接着分析点、直线和平面的投影特性。然后再用点、线、面的投影知识去研究基本体、组合体等。这种“先具体后抽象，从感性升华到理性”的编写顺序和叙述方式，对入学不久，头脑中对投影、几何体等尚无认识的中职学生是颇为适用的，也符合学生的认知规律。

二、教学目的和要求

1. 掌握正投影法的基本原理。

2. 理解三视图的形成过程，熟练掌握三视图与物体方位间的关系和投影规律。

3. 能熟练地运用三视图的投影规律绘制及分析基本体的三视图。

4. 理解点、直线和平面的正投影特性。

5. 培养学生建立初步的空间想象能力。

三、教学重点和难点

1．重点

（1）点的投影规律及线、面的投影特性。

（2）三视图的投影规律。

（3）正投影的基本性质。

（4）基本体的三视图画法。

2．难点

（1）三视图的三等规律和六向方位关系。

（2）空间想象能力的培养。

四、标准化状况

本章教学内容与标准化的关系主要是如何使用与投影法有关的概念，在表述时力求规范用语。我国现有 3 项主要针对投影法方面的术语标准（详见表总-1），教学中应予以贯彻。

五、教学建议

1．鲜明的对比能使学生产生持久的记忆与理解效果。在本章教学中应尽量采用对比法。例如，通过把正投影法与斜投影法相对比，分析它们的投射线与投影面之间的不同夹角以及产生的投影与原物体的位置关系等，从而对正投影法的特性进行归纳，突出一个“正”字，即：物体正放；投射线正射；与投影面正交。然后，引出正投影法度量性好、便于绘图的特点，以及讲解为什么工程上常采用正投影法表达设计意图，其原因就一清二楚了。还要强调的是，必须注意投射线与视线、投影面与图纸、投影与视图的对应关系，以便为下面讲述三视图的形成打下基础。

2．在讲三视图的形成时，应通过举例说明以下问题：一个视图只能反映物体一个方向的形状，不能完整反映物体的形状。同样，只凭一个视图也不能唯一确定物体的形状，必须由两个或两个以上的投影图才能唯一表达一个物体的形状（图2－1），从而引出三视图的概念和形成等。

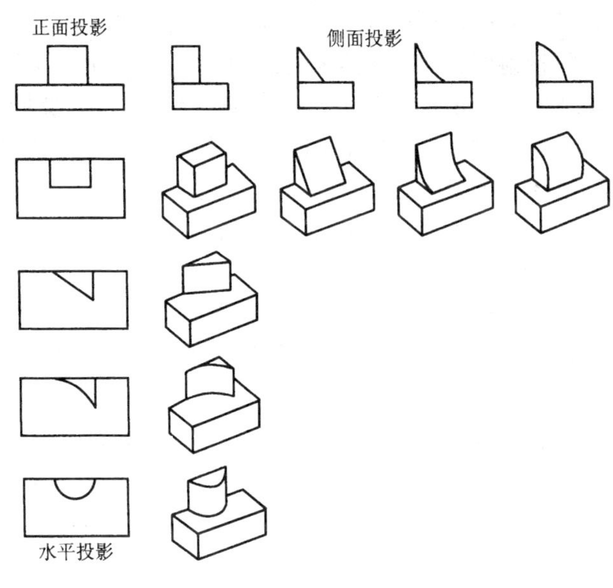

图2－1　用3个视图确定形体

3．对于三视图的形成这部分内容的处理，必须加强“过程”的分析与讲解。因为这部分内容如果讲不清、吃不透，学生会对三视图的三等规律和六向方位关系含混不清，使画图与读图出现错误；反之，则会事半功倍。教师可以运用自制的简易三投影面体系或多媒体课件重复演示三视图的形成过程，增强学生的直观感受，以提高教学效果。教学中可分两步走：

（1）首先讲清三投影面体系的三面（即正面、水平面、侧面）、三轴（即 X 轴、Y 轴、Z 轴）、一点（即原点 O）。

（2）其次强调如何将物体（长方体）放入三投影面体系（悬空放置，尽可能使各面与投影面平行或垂直，物体不接触任何投影面，然后告诉学生：假想有一个无色透明体支撑着物体），演示利用正投影法原理向正面、水平面、侧面投射的过程，并分别得到主视图、俯视图、左视图，将图形分别画在相应的投影面内，即主视图画在正面内，俯视图画在水平面内，左视图画在侧面内。要强调的是，画图时通常假想将人的视线当作平行的投射线，将图纸当作投影面。与此同时，分析每个视图都反映了物体的哪些尺寸（长、宽、高）。这时要问学生，当正对正面观看物体时，能否同时看到所得到的 3 个视图？这个提问不是怀疑前面的三视图形成，而是对下一步中 *H* 面、*W* 面展开的铺垫。因为当学生根本看不到左视图和俯视图时，就必然要问："为什么看不见？怎样才能看见？"

4. 为了便于学生更直观地理解和掌握"宽相等"的概念，建议开始画三视图时，用 45°线法保证"宽相等"，这样也可以使学生直观地理解"俯、左视图中远离主视图一侧，表示物体的前方"。同时，这也为讲解第三角画法奠定了基础。

5. 教学中要强调：三视图之间"三等"关系的投影规律不仅适用于画三视图，同样适用于读三视图；不仅适用于三视图的整体，也同样适用于三视图的任何局部，适用于三视图的面、线、点，即处处长对正，处处高平齐，处处宽相等（图 2－2）。

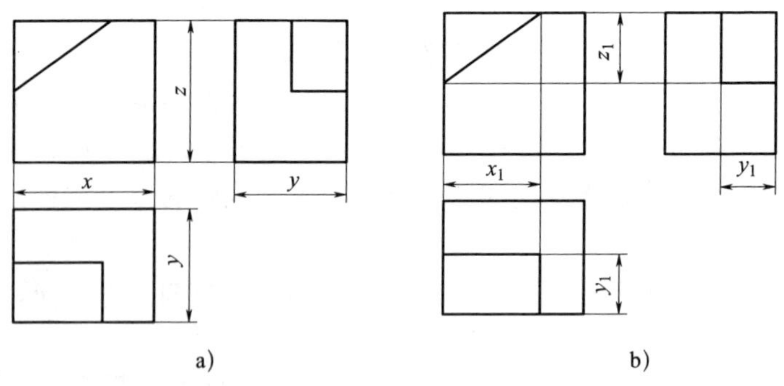

图 2－2　三视图的度量关系

a）整体的"三等"关系　b）局部的"三等"关系

6．“正投影法的基本性质”的内容很重要，在以后画图和读图的教学中都要用到这3个基本性质，即：真实性、积聚性和类似性。如果学好了这“三性”，那么不但随后两节内容的教学容易得多，而且也为组合体的读图、补图、补线打下了扎实的基础。

另外，还要真正领会作者的巧妙安排。这部分内容里虽然没有出现“水平面”“铅垂面”“正垂面”“水平线”“铅垂线”“侧垂线”等概念，但在运用正投影的基本性质举例分析时却已经很清楚地得出了它们各自的投影特性。这不但灵活地运用新学的知识分析了问题，而且实质上是把后面的一部分内容提前讲述，合理地分散了教学难点，有利于教学效果的提高。教学中，要把前后内容联系起来分析、理解、安排，做到巧妙施教，前呼后应，事半功倍。

7．讲解点、直线、平面的投影时，一开始就要强调空间形体都是由点、直线、平面等几何要素组成的，熟练掌握点、直线、平面的投影特性以及它们的空间位置的判断，是更好地认识组合体的基础。

（1）在这一章内容的教学中，点是基础，线是桥梁，面是重点。要突出点的基础地位，讲透点的投影，以点带线，再以线带面。点的投影的教学建议如下：

1）用自制的三投影面体系示教板演示清楚点的三面投影的形成及展开过程，水到渠成地得出点的投影规律。

2）利用示教板讲解空间点对投影面的距离及其对应的坐标关系（以图2－3a所示的A点为例）：

A点到W面的距离为X坐标。

A点到V面的距离为Y坐标。

A点到H面的距离为Z坐标。

然后讲解空间点的投影与坐标的关系（仍以A点为例）：

A点的水平投影a由X、Y坐标确定。

A点的正面投影a'由X、Z坐标确定。

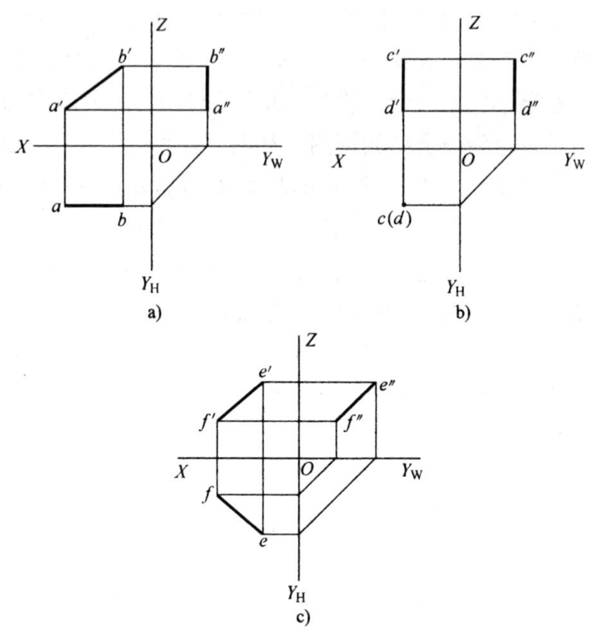

图 2－3　判断直线的空间位置

a）正平线　b）铅垂线　c）一般位置线

A 点的侧面投影 *a*″由 *Y*、*Z* 坐标确定。

3）要重视特殊位置点的投影分析，避免只讲一般位置点的投影而不讲特殊位置点的投影。特殊位置点的投影往往是学生作图的难点，作业中出现错误较多。在教学举例时，可以有意识地穿插进去，借助示教板，结合点的投影规律启发、引导，边讲边画。

4）教材补充了“两点”投影，目的是培养学生的空间方位感，为直线投影打基础。两点间的相对位置判断和比较应作为讲解的 1 个要点。其中，前后位置判断是难点，教学中可以用以下 2 种方法进行。

①用点的坐标值判断点的相对位置。点的正面投影反映点的 2 个坐标：*X* 坐标和 *Z* 坐标。通过比较两点 *X* 坐标的大小，可以

确定其左右位置，X 坐标大者为左；反之为右。通过比较两点 Z 坐标的大小，可以确定其上下位置，Z 坐标大者为上；反之为下。

点的 Y 坐标则可以比较两点的前后位置，Y 坐标大者为前；反之为后。

②用点对投影面的相对距离判断点的相对位置：

空间点到 H 面的距离，大者为上，小者为下。

空间点到 V 面的距离，大者为前，小者为后。

空间点到 W 面的距离，大者为左，小者为右。

5）要反复强调重影点的可见性判断以及不可见点的投影处理（表示重影点的字母加括号）。

（2）直线和平面的投影，建议在教学中做到以下几点：

1）对看起来复杂的各种位置直线的投影特性做简要的归纳，总结出易于记忆与理解的几句话，可以大大提高教学效果。

①一般位置直线的投影特性可归纳为“三斜三短”。其中，“三斜”指 3 个投影均为斜线；“三短”指 3 个投影都具有类似性，都比实长短。

②投影面平行线（正平线、水平线、侧平线）的投影特性可归纳为“两平一斜”。“两平”指在 3 个投影中，有两条直线分别平行于 2 根投影轴，且比实长短。“一斜”指在 3 个投影中，有 1 条直线是倾斜的（相对于投影轴），且反映直线的实长。

③投影面垂直线（正垂线、铅垂线、侧垂线）的投影特性可归纳为“两垂一点”。“两垂”指在 3 个投影中有 2 条是反映实长的直线，且分别垂直于该空间直线所垂直的那个投影面所在的 2 根投影轴。“一点”指在它所垂直的那个投影面内的投影具有积聚性，积聚为 1 点。

2）在讲述由投影判断直线相对投影面的位置时，可总结归纳为 3 句话：

——凡 1 个投影为斜线的，则一定是投影面的平行线，在哪个投影面内的投影为斜线，则该直线就平行于该投影面，如

图 2－3a 中的 AB 为正平线。

——凡 1 个投影为 1 个点的，则一定是投影面的垂直线，在哪个投影面的投影为点，则该直线就垂直于该投影面，如图 2－3b中的 CD 为铅垂线。

——凡 3 个投影都为斜线的，则一定是一般位置线，如图 2－3c 中的 EF 为一般位置线。

3）教学中切忌把各种位置的直线一一罗列，没有侧重，使学生学起来不得要领。可以用一种位置线中的某一类型仔细分析（如以投影面平行线中的正平线为例），其余的留给学生自己总结归纳，以充分调动学生的积极性，发挥学生的主体作用。

（3）平面的投影特性也可用与直线投影相类似的归纳法进行归纳，以便于学生掌握与运用。

1）一般位置平面的投影特性可归纳为“三个平面”，即：一般位置平面相对于 3 个投影面都倾斜，因此，它在 3 个投影面内的投影都具有类似性，且面积比原图形小，称之为“类似形”。要通过实例着重使学生理解和掌握类似形。

2）投影面的垂直面的投影特性可以概括为“两面一线”。“两面”指的是它的 3 个投影当中有 2 个为平面类似形，且面积比原图形小。“一线”指的是该平面在它所垂直的投影面内的投影积聚为 1 条直线，且这条线为斜线。

3）投影面的平行面的投影特性可以概括为“一面两线”。“一面”指的是在它所平行的投影面内的投影为 1 个具有真实性的平面图形。“两线”指的是在另外 2 个投影面的投影都积聚为 1 条直线，但这 2 条直线与投影面垂直面的积聚不同之处在于这 2 条直线分别平行于 2 根投影轴。

这样把 7 种类型平面的投影概括为 3 句话共 12 个字，便于学生记忆，利于学生理解，更有利于进行平面位置的判断。

（4）对平面的空间位置的判断是识读组合体的重要基础。对这部分内容的教学，教师可紧扣前面概括的 3 句话 12 个字，从中找出它们的不同及各自的特征，符合哪一条，则所对应的就是符合这个特征的平面，具体地讲：

凡3个投影均为平面的（符合“三个平面”，不符合另外2条），则为一般位置平面，图2－4a中的△*ABC*为一般位置平面。

凡3个投影中有2个平面和1条斜线，则该平面为投影面垂直面，图2－4b中的△*DEF*为正垂面。

凡3个投影中有1个平面和2条平行于投影轴的直线，则该平面为投影面的平行面，图2－4c中的△*GHK*为水平面。

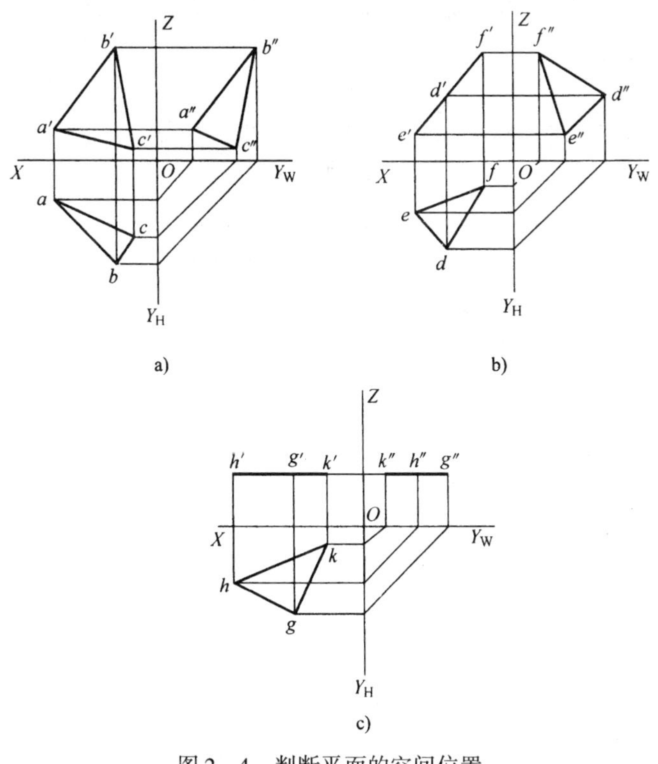

图2－4　判断平面的空间位置

a）一般位置平面　b）正垂面　c）水平面

8. 基本体是组成组合体的基本单元体，抓好基本体视图的教学，可为组合体的教学奠定坚实、重要的基础。因此，这部分内容虽然看似比较简单，却是教学的重点，建议抓好以下几个环节：

（1）鉴于中职学生没有学过立体几何，对有的基本体可能没见过，或者虽然见过却叫不出名称，因此，在教学中最好能把教材中没有给出的常见基本体的轴测图画出来，做简单润饰更好，避免产生异议；或展示模型。强调指出：物体的名称与位置无关。这样，不但可以丰富学生的表象储备，加深其对基本体的理解，也可引起学生进行比较的兴趣，对以后练习必将大有裨益。

（2）在教材的这部分内容中，学生初次接触到“体”的概念，而在这之前所解决的问题都是平面的问题。因此，学生的空间概念相对较淡，空间想象能力相对较弱。实践证明，让学生自己动手制作几何体模型有助于空间概念的培养和空间想象能力的提高。可以先从基本体做起。布置这类练习时，可以 1 个小组或 1 个宿舍为单位，以便于评定。再将做好的模型在同学间进行交流，这样又是一个学习的过程。学生不但熟练掌握了基本体的三视图和尺寸标注，而且空间想象能力也可得到较大提高。

（3）讲解每种基本体时，一定要突出它的形体特征，尽可能使其典型化、模式化，要使学生深刻理解三视图中必有一个能反映基本体的形状特征。这样有利于促成学生从二维向三维的转化，较快地想象出基本体的空间形状，这是形体分析的重要基础。抓住三视图的特征视图有 2 个方面的意义：一是由三视图想象空间形体的看图“入口”；二是落笔画三视图的画图起点。

（4）要与基准结合起来，强调画图时确定三线（中心线、对称线、轴线）的意义，为组合体的画图打下基础。

（5）对于由回转形成的基本体（圆柱、圆锥、球），可采用多媒体等多种教学手段，直观地演示各种基本体的形成过程

(0°～360°的旋转过程)。这样不但有助于学生了解这些基本体的特点，而且对学生掌握它们的投影特性大有好处。在演示时，教师要让学生关注转到特殊角度（90°、180°、270°、360°）时的情形，动中有静地讲解。用彩色粉笔或线条表示不同的轮廓转向线。学生有了直观的感受，就容易理解三视图，并且印象深刻。

（6）教学中注意对比柱体（平面柱体、曲面柱体）、锥体（棱锥、圆锥）、锥台（棱台、锥台）的投影特性和标注尺寸的特点，引导学生找出异同点和规律。

（7）进行同一形体的变位训练，不但可以加强学生对基本体视图的掌握，还可以加强学生对投影理论的理解。

对于同一形体来说，如果改变它的空间位置，则其三视图也将相应地变化。例如，1 个圆柱竖直放置，则其三视图如图 2－5a

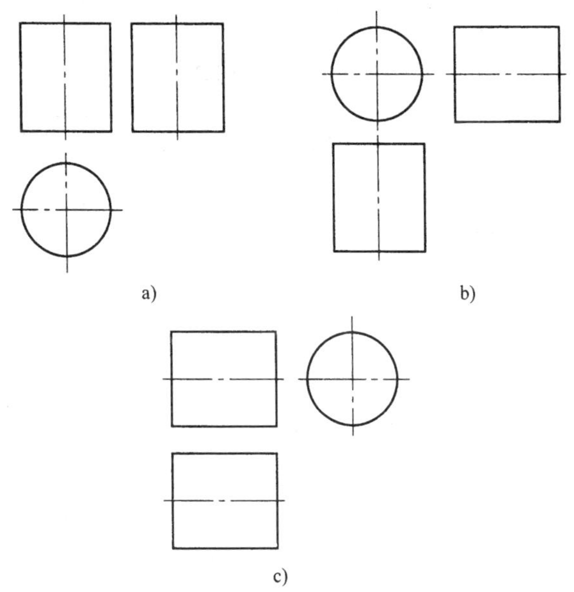

图 2－5　同一形体的变位训练

a）竖直放置　b）前后方向放置　c）左右方向放置

所示；如果其前后方向放置，则其三视图如图 2－5b 所示；如果其左右方向放置，则其三视图如图 2－5c 所示；如果其轴线处于倾斜位置，则三视图图形会变得更为复杂。教学中也可变换其他基本体的位置，让学生多练习，这样有利于其空间想象能力的培养。

六、基本概念释疑及教学误区辨析

1．投影法的分类体系

为厘清各种投影法及其投影画法之间的纵横关系，GB/T 14692—2008 参照相应的国际标准，结合我国的习惯，根据投射线之间的相对位置、投影面与投射线的相对位置及物体的主要轮廓线与投影面的相对位置，对投影法进行了分类。

图 2－6 所示为 GB/T 14692—2008 给出的投影法的分类体系，该图是由上而下分 6 个层次构建的。

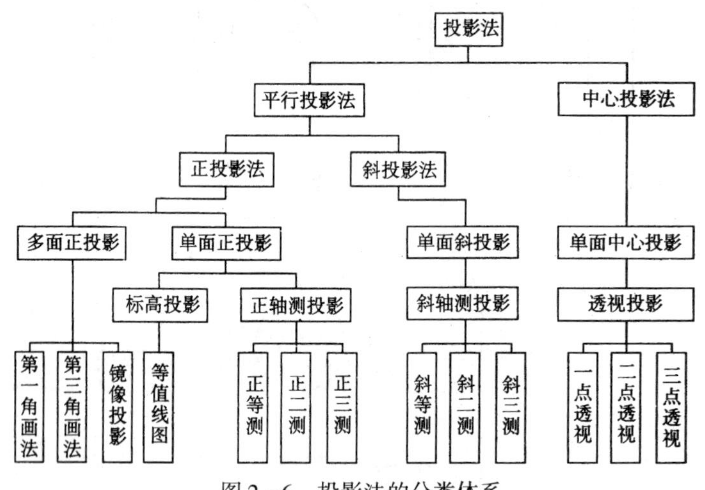

图 2－6　投影法的分类体系

第一层：分类体系的总称为投影法。

第二层：根据投射线间相对位置（平行或汇交）的不同，投影法分为平行投影法和中心投影法两大类。

第三层：根据投射线与投影面相对位置的不同，平行投影法分成正投影法和斜投影法2类（不含中心投影法）。

第四层：根据所需投影面的数量，正投影法、斜投影法分别细分出单面及多面的各类投影。

第五层：第四层中的各种投影在工程中的相应名称。

第六层：画法的具体名称。

2. 对投影法分类的几点说明

(1) 第四层中按投影面数量分类命名的“多面正投影”，在工程中也是这样称呼的，故第五层不再重复，直接跨入第六层。

(2) 中心投影法并无“正”“斜”之分，故右列第三层空白，直接跨入第四层。

(3) 轴测投影本可自成体系，正轴测投影与斜轴测投影可统称为轴测投影（轴测图），但由于绘制体系图的技术性原因，图2-6中未予反映。

(4) 6个层次中，上半部的3个层次是各种投影法的分类，故分类名称尾均带“法”字；下半部的3个层次是根据各种投影法得到的各种投影和画法的分类，不再视为投影法的支系，因此除“画法”一词本身带“法”字外，其余均不带“法”字。

(5) 在GB/T 13361—2012中，定义“视图”术语时，强调是指由正投影法绘制的图形。由图2-6可见，正轴测投影也是由正投影法绘出的。但是，通常只将按第一、第三角画法画出的图称为视图，人们并不习惯将正等轴测图等正轴测投影称为视图。

(6) 人们习惯上将富有立体感的图俗称“立体图”。按照投影效果的这一特性，通常将图2-6中的“正轴测投影”“斜轴测投影”和“透视投影”，以及它们下属的层次（第六层）均称为立体图。但在许多制图教材中，常将轴测图与立体图通用，这是不妥帖的。立体图的外延较广，而轴测图的外延较窄。轴测图并不涵盖“透视投影”，因此立体图与轴测图不能通用或替代；况且，立体图只是个俗称，故凡是按标准规定画出，可用于工程实际的轴测图和透视图均不宜称为立体图。

第三章　立体表面交线的投影作图

一、本章的地位和特点

基本体叠加、截割、贯穿或挖切后构成的组合体，其表面必然会出现各种交线。本章即是以求作这些表面交线为研究对象的。掌握了表面交线的作图方法，才可能进一步学习后面章节的读绘组合体。

本章第一节讲述的立体表面上点的投影是为求作立体表面交线服务的理论基础。

可见，在基础教学阶段中，本章属于由投影法原理、基本体再进入组合体学习的、不可或缺的过渡性单元。从教学角度讲，本章分解了组合体的难点和重点。

二、教学目的和要求

1. 进一步熟悉点的投影规律。

2. 掌握立体表面上点的投影作图方法。

3. 掌握常见表面交线（截交线和相贯线）的投影作图方法。

三、教学重点和难点

1. 重点

（1）运用点的投影规律在立体表面上投影作图的方法。

（2）基本体表面常用的截交线和相贯线的投影作图方法。

2. 难点

（1）锥体、球体表面点的投影。

（2）截交线与相贯线的逐点求取方法。

四、教学建议

1. “立体表面点的投影”又称“表面取点”。这部分内容是空间概念训练的继续和发展，而且学透、用活了这部分内容后，对组合体乃至零件图的识读与绘制都有很大帮助，教学中必须给予应有的重视。特别是对冷作工专业的学生，这部分内容也是其专业核心内容，是展开放样的基础与前提。

2. 切割是由基本体过渡到组合体的重要台阶，求切割体的投影关键是截交线。讲授截交线时，建议考虑以下几点：

（1）对中职学生来说，本部分内容的教学重点应放在长方体和圆柱体的切割方面，尤其是圆柱体的切割更为重要。

（2）圆锥、球被平面切割后截交线的画法是这部分内容的教学难点，可以结合学生的专业实际灵活掌握教学深度，适可而止。教学中应借助多媒体教学手段，直观地分析截交线的画法原理。

（3）圆柱体上的切肩和开槽是常见的典型结构，有的教材将其称为“切口”结构。教学中应注意运用辩证思维方法和多媒体教学手段分析它们的特点，比较其异同，使学生重点记住圆柱轮廓线被切肩和开槽后所发生的变化，把截交线的难点集中在矩形的投影上及圆柱体轮廓线变化的投影上。切肩后俯视图上的圆柱轮廓线仍然存在（图 3－1a），而开槽后俯视图上的圆柱轮廓线就没有了（图 3－1b）。由此，再引申到空心圆柱切肩、开槽的情况（图 3－2）。

（4）平面切割锥体的情况平时应用较少，不必花过多的时间和精力去研究它，但要对照教材讲解其投影结果和特点。

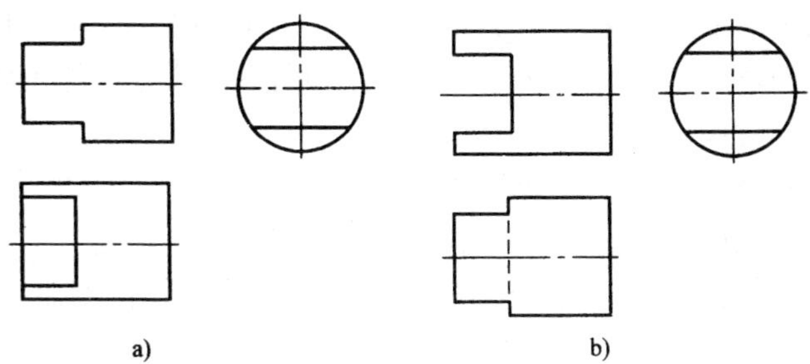

图 3-1　圆柱体的切口

a）切肩　b）开槽

(5) 平面切割球产生的截交线作图的难点在于平时学生缺乏这类形体结构的直观感受，当截交线为圆弧时，不清楚画这段圆弧应该如何确定圆心和半径。在讲课时，教师应采用直观性教学手段，多展示模型，边演示边画。

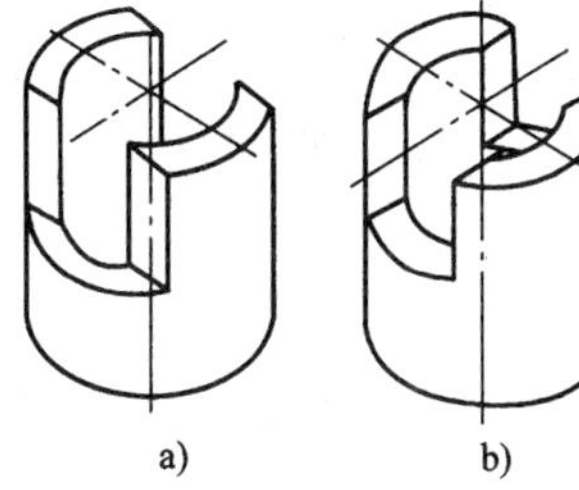

图 3-2　空心圆柱体的切口

a）切肩　b）切槽

3. 相贯结构的读、绘也是基本体过渡到组合体的一个重要台阶，教学时应做到以下几点：

(1) 强调“一个形状特征，两个基本特性”。相贯线一般为封闭的空间曲线，这是它的形状特征。“两个基本特性”一是指相贯线是 2 个立体表面的共有线；二是指相贯线在立体的“表面性”，特别是“共有性”。“表面性”是画相贯线的重要基础。“共有性”应从以下方面深刻理解：相贯线一定在 2 个相贯体的共有表面处，即相贯线既属于相贯的甲物体表面，又属于相贯的乙物体表面。开始引入相贯线的概念时，就要给学生观察由相贯形成的实物或模型，如自来水管的管接头三通管等。通过观察实物或模型增加学生的感性认识，更主要的是有意识地引导学生在观察中注意相贯线的特性，为以后的画图做好准备。

（2）要把握住本节内容的教学重点，即圆柱相贯线的简化画法，教学中要在不等径相贯的简化画法上多花工夫和精力。这里的简化画法主要是针对 2 个圆柱体都不反映圆的那个视图上的相贯线而言的。在另外 2 个反映圆的视图上，相贯线的投影与圆或圆的一部分重合，没有必要再谈其画法，这一点也要讲清楚。讲述相贯线的简化画法主要解决以下 3 个问题：

1）确定代替相贯线的圆弧的半径。

2）确定代替相贯线的圆弧的圆心。

3）确定代替相贯线的圆弧的弯向。

在学生的作业中，常见的错误是相贯线反向弯曲，为此，要强调相贯线的弯向规律：弯向大圆柱的轴线，即“弯向大轴”。

柱锥正交的相贯线画法，讲清教材中的例题即可，不要再深入引出斜交和偏交的情况。

五、基本概念释疑及教学误区辨析

1. 相贯线概念的表述分析

相贯是物体上相邻两部分的常见连接形式，相贯线则是相贯结构的集中表现。对初学者来说，对“相贯线”一词会产生难以捉摸的奇特之感。为此，要通俗地讲解相贯线的概念，可以这样表述：相贯线是 2 个立体相互贯穿时的表面交线。在相贯线的这一广义的定义中，带出了“相”和“贯”两字，故名“相贯线”。显然，这样引出相贯线的概念易于为初学者接受。

关于相贯的界定，教材中专指 2 个曲面立体相贯。这一限定可理解为相贯线的狭义定义。这主要是为了较好地界定相贯线与截交线的概念，并加以区别。

例如，在图 3－3 中，若按相贯线广义定义理解，则图中自右向左的圆孔、方孔和半方孔（或称切口）处都将形成相贯线。

但若按相贯线的狭义定义理解，则图中仅有圆孔处形成相贯线，方孔和切口处则只形成截交线。

理解相贯线的概念时，还需特地向学生说明，相贯线可以是2个外表面相交而得；如图3－4a所示；或者由2个内表面相交而得；也可以由内外2个表面相交而得，如图3－3所示右部圆孔与外圆柱表面相交所得。教学后期有必要对圆柱切割、相贯、局部与整体进行比较，分析其变化规律，如图3－5所示分析截交线与相贯线投影的变化规律。

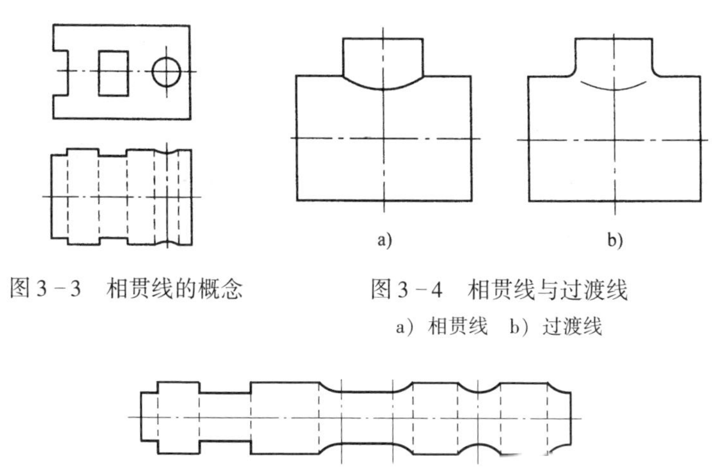

图3－3　相贯线的概念

图3－4　相贯线与过渡线
a）相贯线　b）过渡线

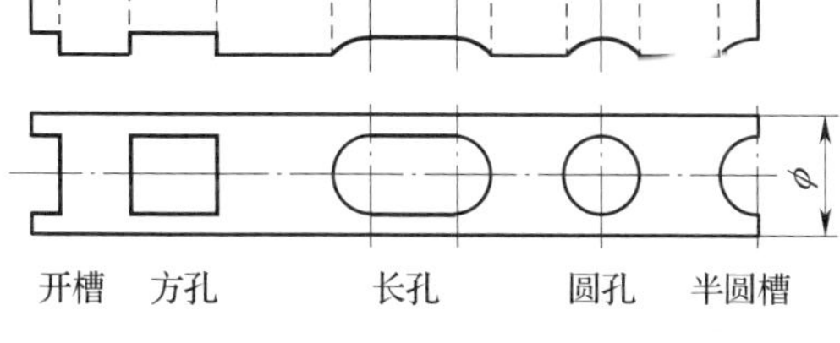

图3－5　分析截交线与相贯线投影的变化规律

2. 相贯线、过渡线、弯折线的概念和画法的比较

相贯线、过渡线和弯折线都是在标准中提及，但并无定义的约定俗成的术语。由于其概念和应用有些交叉，容易在属类的区分和画法上产生混淆，现比较分析如下：

（1）相贯线的概念和画法在教材及本书中已十分清楚地进

行了讲解和分析。在我国制图标准中，考虑到相贯线是客观存在、清晰可辨的交线，故当其可见时，规定按可见轮廓线（即粗实线）绘制，且一般画成自行封闭的线框，或与相应轮廓线相接的封闭形状（图 3－4a）。

（2）过渡线通常是指机件上有较小圆角过渡时两邻接表面的图示交线。严格地讲，机件上两邻接表面过渡处有圆角时，通常是相切的过渡关系，如 1/4 的圆弧、圆柱或圆环。因此，理论上并不存在两邻接表面的交线，图示出交线是为了形象地区分两邻接表面，方便看图。

按上述概念理解过渡线时，显然应包括曲面与曲面（图 3－4b）、平面与曲面（图 3－6 中 l_b）以及平面与平面（图 3－6 中 l_a）相邻接且有圆角过渡的情况。其中，曲面与曲面邻接的情况类似于相贯结构，但不能因此认为过渡线就是相贯线。由圆角过渡的相贯结构图示为过渡线仅是过渡线中的一种情况。

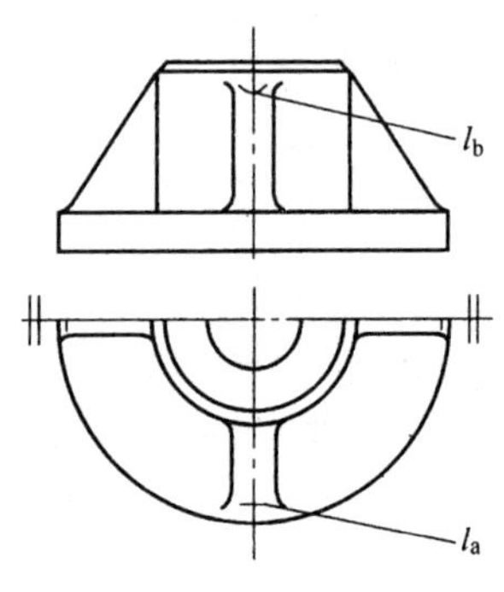

图 3－6　过渡线实例

需要特别注意的是，过渡线已按 ISO 标准规定，在我国 2002 版标准中已改用细实线绘制了。

（3）弯折线是指弯曲成形的一类零件的展开图上指示弯折处的图示线，如图 1－9b 所示。由于弯折处一般均有圆角过渡，因此，在视图中弯折处用过渡线表示。

第四章　轴　测　图

一、本章的地位和特点

本章的地位取决于本章介绍的轴测图的表达功能及其应用。

首先应当看到，在投影法的分类体系（图 2－6）中，轴测图是与机械图样中采用最多的多面正投影并列的单面正投影和单面斜投影，是另一类的投影图。在《机械制图　轴测图》（GB 4458. 3—2013）中，不仅规定了它的画法，同时还规定了它的尺寸注法。因此，轴测图是既可用来表示形状，又可用来表示其大小的一种表示法。而且，轴测图直接用作产品图样的情况会越来越多。

由于轴测图的表现效果类似于人们观察物体的视觉效果，因此，在制图教学中一般均偏重于它的这一表达功能，而将其作为教与学的一种辅助手段。本教材中先讲它的基本概念及画法规定，再通过简单组合体实例反复应用和强化训练，并且通过二维到三维、三维到二维的互逆，从而使学生的形象思维能力和空间想象能力得到较快的提高。正因为如此，制图教材的编排一般均侧重利用它的表达功能，故将其放在前面讲授。

在编写本章时，与中职教材的传统安排相比，本教材具有以下显著的特点：

1. 由于轴测图极富立体感，而且采用单一的投影面，是一种独特的表示法，故本教材将其独立成章。

2. 为较好地发挥它的基础性作用，将其安排在基本体三视图之后、组合体之前讲授。同时在本教材的插图选择上，在介绍轴测图之前，尽量采用轴测图的润饰图，以避免学生画图时产生异议。

3. 强调轴测草图的画法，并详细介绍了各种图线及部分常见图形的草图绘法。当今计算机技术飞速发展，人们越来越趋于徒手草图设计构思而由计算机绘制输出正式图样，强调轴测草图画法具有重要的现实意义。这也是本教材的主要特点之一。

二、教学目的和要求

1. 了解轴测图的形成和分类，熟悉轴测投影的基本性质。

2. 掌握正等测、斜二测的画法规定和画法步骤，能根据简单形体的三视图画出其轴测图。

3. 了解轴测草图的重要作用，掌握徒手绘图的基本技法和轴测草图的画法。

4. 通过轴测图的绘图练习，进一步培养学生的空间想象能力和空间思维能力。

三、教学重点和难点

1. 重点

(1) 轴测投影的基本性质。

(2) 绘制轴测图的方法——坐标法。

(3) 徒手画轴测草图的基本技法。

(4) 空间想象能力和空间思维能力的培养。

2. 难点

(1) 轴测图的形成。

(2) 平行于坐标面的圆的正等测画法。

(3) 徒手画轴测草图的基本技法。

（4）轴测图种类及坐标的选择。

四、标准化状况

1974 年，有关轴测图的画法规定还仅仅是国际标准《机械制图　图样画法》的附录。该标准修订时，才按“一个项目，一个标准”的原则将轴测图画法规定单独制定为《机械制图　轴测图》（GB 4458.3—1984），现行国家标准是《机械制图　轴测图》（GB/T 4458.3—2013）。

1984 年后，在相继发布的 2 项投影法标准中，又对轴测图的某些基本概念做了修正。因此，与轴测图直接有关的现行制图标准共有以下 3 项：

1. 有关轴测图的画法及尺寸注法应执行 GB/T 4458.3—2013 的规定。

2. 有关轴测图在投影法体系中的地位及对轴测图的基本要求应按《技术制图　投影法》（GB/T 14692—2008）理解。

3. 有关轴测图的术语，如轴向伸缩系数（GB 4458.3—1984 中称为轴向变形系数）、轴间角等应按《技术产品文件词汇　投影法术语》（GB/T 16948—1997）的表述规范其概念内涵。

此外，随着计算机绘图的普及，以轴测图为载体的三维制图标准体系正日趋完善。目前，已正式发布了《数字化产品定义数据通则》（GB/T 24734—2009）及《机械产品三维建模通用规则》（GB/T 26099—2010）等 17 项三维制图标准。

五、教学建议

1. 为激发学生的求知欲和对轴测图的学习兴趣，可考虑采取以下措施导入新章：

（1）展示令人赏心悦目、颇具审美价值的轴测图，如产品样本、教师绘制的范图、历届学生的优秀作业等。

(2) 教师先演示，规范、熟练地画出一两个轴测图。教学中为了快捷、规范地画出所需机件的轴测图，教师可以预先在黑板上用蓝色粉笔轻轻画出底稿（由于黑蓝色对比度较弱，不易被学生看见，分散学生注意力），再在需要时在黑板上用白色粉笔快速、准确地画出机件轴测图。

(3) 举例说明轴测图在学习制图中的作用，如已知图4－1a所示的主、俯两视图，要求补画左视图。对于初学者来说，看懂该形体的两视图，想象出其空间形体并不难，但要凭空补出左视图却有一定难度。此时，教师可采取切割法，很快地画出该形体的轴测图（图4－1b），接着补画出左视图。

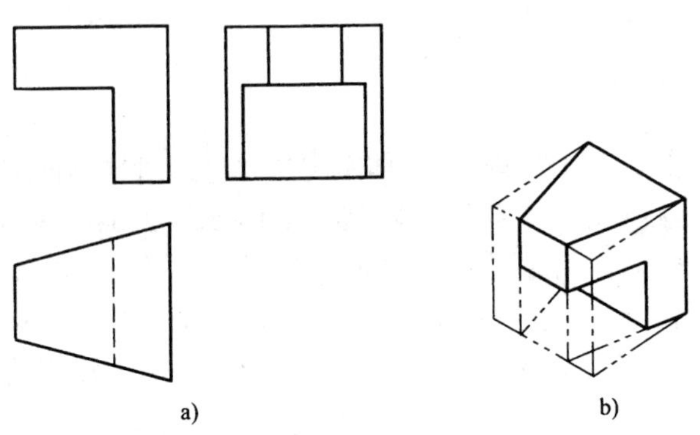

图4－1　借助轴测图补画左视图

a）三视图　b）轴测图

2. 要较详细地介绍轴测图的应用，以提高学生对轴测图重要性的认识。轴测图不但可用于辅助性图样，也可作为产品图样，直接作为加工和检验的依据。

例如，在表达木质的产品（如包装箱、家具）时，不仅可用轴测图反映各部分形状，也可反映其各部分尺寸，直接指导生产，且不再拆画其零件图。在管路系统的图样表达中，可用轴测管路图表示管路系统的空间走向、组成部分及安装位置，并标注出尺寸，以指导施工。这种轴测图的画法规定可查阅 GB/T 6567.5—2008。

作为辅助性图样，轴测图常被应用于产品广告、产品样品、产品设备维修指南，以及制图等各种教材和图册中。为说明内部结构，可以画成轴测剖视图或轴测分解图，并可按各部分受光强弱的差异对其进行润饰。越来越多的企业将轴测图配置在二维产品图样中，以便更直观、快捷地读懂复杂机件的形体。

3. 应在适当的时候对章名进行释义。释义时应讲清以下 3 点：

（1）为何轴测图定义中要强调将物体连同其直角坐标系一起进行投射？目的是获得轴测轴。

（2）在轴测轴上测量尺寸而画出的图，故命名为“轴测图”。

（3）不与轴向平行的尺寸不得直接由平面视图移植至轴测图中。直接从斜向上量取尺寸是学生作业的常见错误，应在讲授新课和布置作业时打好“预防针”，防患于未然。

4. 较为常用的轴测图分类见表 4－1。在 GB/T 4458.3—2013 和 GB/T 14692—2008 中均推荐了 3 种轴测图，即正等测、正二测和斜二测。由于位于 3 个坐标平面上的圆的投影按正二测绘制时比较烦琐，为此，本教材未予介绍（与许多其他版本教材的处理相同），教学中不必补充讲述。

在正等测和斜二测画法中，应重点讲解正等测画法。

5. 正等测画法一般可分为 2 个部分讲解：平面立体的正等测画法和曲面立体的正等测画法。除重点讲述坐标法外，平面立体的正等测画法还应讲解切割法和组合法，以便为下一章顺利学习组合体的视图打基础。

组合法可以图 4－2（坐标法结合组合法画轴测图）为例分析讲解。

已知三视图（图 4－2a），画正等测图。

表 4－1　　常用轴测图的分类（摘自 GB/T 14692—2008）

		正轴测投影			斜轴测投影		
特性		投影线与轴测投影面垂直			投影线与轴测投影面倾斜		
轴测类型		等测投影	二测投影	三测投影	等测投影	二测投影	三测投影
简称		正等测	正二测	正三测	斜等测	斜二测	斜三测
应用举例	伸缩系数	$p_1=q_1=r_1=0.82$	$p_1=r_1=0.94$ $q_1=\frac{p_1}{2}=0.47$	视具体要求选用	视具体要求选用	$p_1=r_1=1$ $q_1=0.5$	视具体要求选用
	简化系数	$p=q=r=1$	$p=r=1$ $q=0.5$			无	
	轴间角	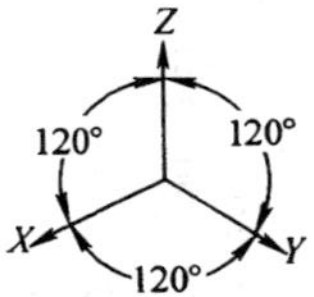 Z, X, Y 120°, 120°, 120°	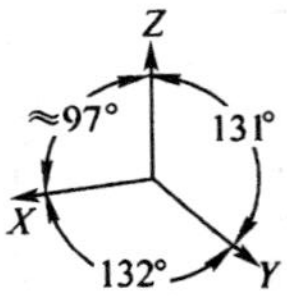 Z, X, Y ≈97°, 131°, 132°			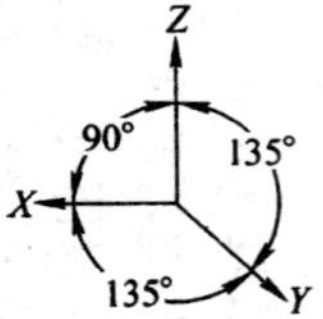 Z, X, Y 90°, 135°, 135°	
	例图	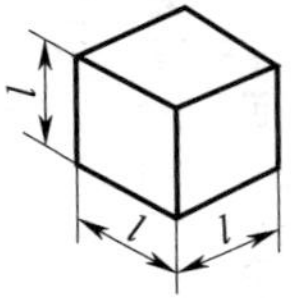 l, l, l	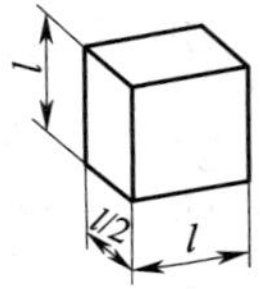 l, l, $l/2$			l, l, $l/2$	

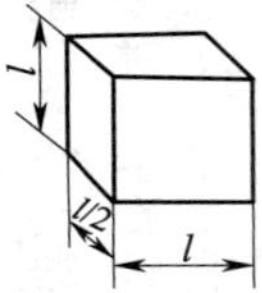

分析：图 4 - 2a 所示为简单组合体的三视图，可以看成由 1 个长方体和 2 个三棱柱叠加组合而成。

作图时，先选长方体的右后下角为直角坐标系的原点，3 条棱边分别为 *OX*、*OY*、*OZ* 轴，如图 4 - 2a 所示。确定并画出轴测轴 *OX*、*OY*、*OZ*，用坐标法画出长方体的正等测图，如图 4 - 2b所示。

两小块三棱柱部分可另外置于新的直角坐标系中，如图4 - 2c 所示。要注意的是，必须使先后设置的各坐标系的对应坐标平面保持平行。

去掉多余的图线，加深全图，即为所求的正等测图，如图 4 - 2d 所示。

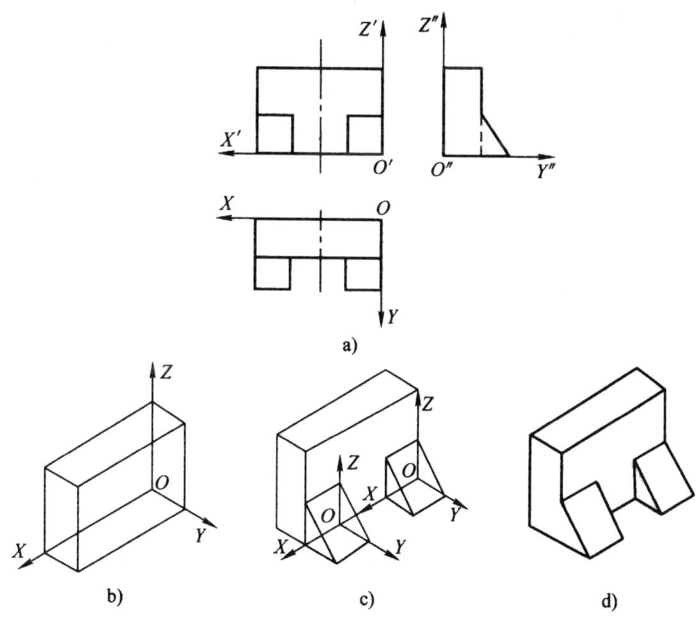

图 4 - 2　坐标法结合组合法画轴测图

a）三视图　b）、c）、d）轴测图画图过程

6. 正等测图中圆的投影为椭圆的近似画法，除四心法（又称菱形法）外，还有一种较为简便的方法——六心法，可以考虑作为补充内容进行讲解。下面以正平面内圆的正等测为例，讲解它的作图方法。

（1）用坐标法作出 3 个轴测轴的平行线，以三线交点 O 为圆心，以投影图上圆的半径为半径画弧，在三线上得到 6 个交点，如图 4－3a 所示。

（2）在 6 个点中，有 4 个点是 4 段圆弧的连接点（切点），有 2 个点是大圆弧的圆心。因为该圆在正平面内，所以平行于轴测轴 Y 上的 2 个点为大圆弧的圆心，如图 4－3b 中的 O_1、O_2。分别以 O_1、O_2 为圆心，画出 2 段大圆弧，如图 4－3b 所示。

（3）用已定出的 2 个圆心 O_1、O_2 分别与所画大圆弧的 2 个端点连线，连线相交的 2 个点即为 2 个小圆弧的圆心，如图 4－3c 中的 O_3、O_4。分别以 O_3、O_4 为圆心，画出 2 段小圆弧，如图 4－3c 所示。

所画椭圆即为正等测圆的投影。

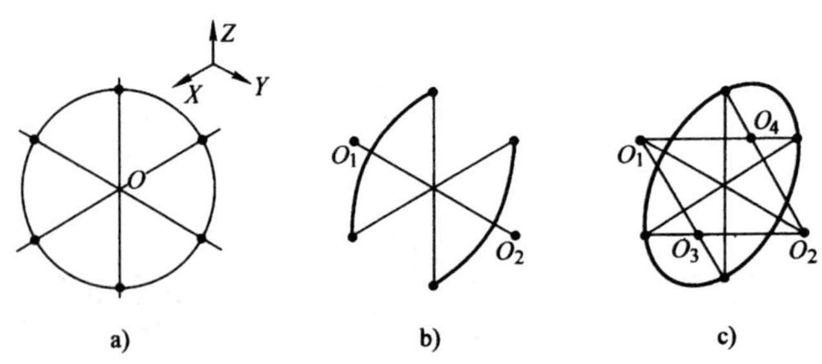

图 4－3　用六心法作圆的正等测图

a）画交点　b）画大圆弧　c）画小圆弧

7. 熟练掌握 3 个正方向椭圆的画法，是画好各种位置圆柱孔及圆角结构的重要基础和关键。教学中可以图 4－4 所示正方体上 3 个正方向椭圆画法为例，让学生徒手练习，当堂掌握，进而发散成 3 个不同方向的圆柱。

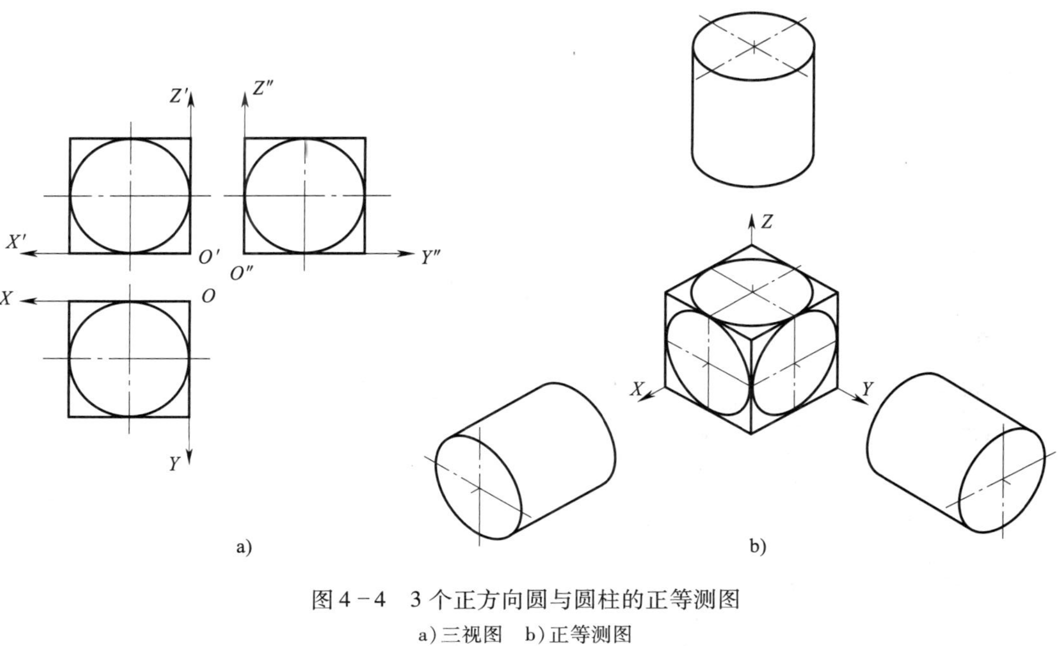

图 4－4　3 个正方向圆与圆柱的正等测图

a）三视图　b）正等测图

第五章　组　合　体

一、本章的地位和特点

本章是前五章的核心内容，也是全书的重点部分，是培养学生空间想象能力和读图能力的关键一章，起着承上启下的作用。它既是前几章所学知识的综合运用，可以使学生能力进一步提高；又是从投影法原理过渡到零件图部分的桥梁。组合体可以认为是忽略了倒角、退刀槽、铸造圆角等工艺结构的零件。因此，本章教学的成效将对能否学好后续各章起到决定性的作用。

本章内容有以下几个特点：

1. 对组成组合体的各基本体之间的表面连接关系进行了较为细致而科学的归纳，即分为共面、不共面、相交与相切等几种情况。

2. “组合体的尺寸标注”是制图课应重点解决的问题，也是十分困难的问题。本教材根据中职学校培养目标的要求，贯彻了“以读图为主”的原则，把“尺寸”部分的教学重点从“标注”转移到了“识读”，着重在识读尺寸上进行阐述。

3. 贯穿了轴测草图的画法和在制图教学中的应用。这样既在第四章的基础上进一步提高了绘制轴测草图的能力，又能使学生根据基本体的形状及它们之间的相对位置画出组合体整体形状，并对照视图补充和纠正想象中的组合体形状，从而进一步提高学生的空间想象能力和读图能力。

二、教学目的和要求

1. 明确组合体的概念，了解组合体的组合形式。

2. 掌握组合体中相邻形体表面连接关系的各种画法。

3. 能运用形体分析法绘制组合体的三视图。

4. 能基本掌握正确、完整、清晰标注组合体尺寸的方法。

5. 能熟练掌握运用形体分析法和面形分析法识读组合体视图的方法与步骤，掌握补视图、补漏线的基本方法。

6. 进一步熟练掌握轴测草图的画法。

7. 进一步培养学生的空间想象能力。

三、教学重点和难点

1. 重点

(1) 通过形体分析，完成组合体的三视图。

(2) 组合体的尺寸标注。

(3) 运用形体分析法和面形分析法正确识读组合体视图的方法与步骤。

2. 难点

(1) 运用形体分析法画组合体的三视图。

(2) 正确、完整、清晰地标注组合体尺寸。

(3) 三视图的补图、补线。

(4) 空间想象能力与空间思维能力的提高。

四、标准化状况

直接作为本章教学内容的依据，与本章教学密切相关的标准，主要是尺寸注法方面的标准，共有 2 项，即：

GB/T 4458.4—2003　机械制图　尺寸注法

GB/T 16675.2—2012　技术制图　简化表示法　第 2 部分：尺寸注法

此外，由于本章将投影法具体应用到空间形体的表达，因此，有关投影法的 2 项标准仍应视为本章教学的根本依据。它们是：

GB/T 14692—2008　技术制图　投影法

GB/T 16948—1997　技术产品文件　词汇　投影法术语

五、教学建议

1. 本章的主要任务是能力的培养。这里所指的能力，主要是指空间想象能力和空间思维能力。由于在学习本章时要画大量的组合体视图，因此，通过本章的学习可以使学生的绘图能力得以提高。在教学中，教师应把握住本章的主要任务，通过多种教学手段和方法，注重培养学生兴趣，努力使学生学会分析问题和解决问题的基本方法，也就是要让学生掌握一定的思维方法和工作方法。

掌握正确的思维方法是指在识读和绘制组合体三视图的过程中使学生形成形体分析的能力，能把较复杂的组合体分解为若干个基本体，弄清它们各自的形状及它们之间的相对位置、组合形式和表面间的连接关系，然后再把它们组合成一个整体。

工作方法是指在识图与绘图中运用形体分析法，从小到大、由分到合、由表及里地分析或绘制视图的方法。

2. 正确分析和识别组合体的组合形式及各种基本几何体表面间的连接关系，是正确、迅速地绘制组合体视图的重要基础，对识读组合体视图、理解图形所表达的形体至关重要。因此，要在第一节里，根据教材中的安排，讲清组合体表面的几种连接关系以及各种连接关系在视图中的画法，为后面的学习打下扎实的基础。

3. 形体分析法是读图、绘图和标注尺寸的主要方法，也是培养学生分析问题和解决问题能力的重要方法。讲解时，首先要明确形体分析法的含义、方法与步骤，然后通过循序渐进的系统训练，使学生掌握这种行之有效的科学方法。形体分析法的精髓可以用两个字来概括，即“分”与“合”：

“分”即把复杂的组合体分成若干个基本体。

“合”即根据各组成部分的相对位置及表面连接关系把所有基本体组合成组合体。

具体来说，形体分析的要点包括：

（1）组合体是由哪几个基本体组合而成的？它们之间的组合形式有哪几种？

（2）组合体上相邻两个基本体之间的相互位置如何？在所有的基本体之中，哪个基本体处于比较关键的位置？

（3）组合体整体是否对称？如何对称（前后、上下，还是左右）？

这些都分析清楚了，画组合体的视图时就心中有数了。

4. 在进行“叠加式组合体”的三视图教学时，建议按教材中所列的步骤讲解，且最好能把整个画图步骤归纳为几句简易流畅的口诀，以便于学生掌握，如“先基准，后轮廓；先关键，后其他；3 个视图一起画”。

这几句口诀可使学生很容易地记清：先画基准线，再画轮廓线；先画处于关键位置的那个基本体，再在其视图的基础上按照方位关系画出其他各部分的视图。

5. 在进行“切割式组合体”的三视图教学时，建议把形体分析法与面形分析法有机地结合起来对组合体进行分析，因为切割式组合体的形成过程本身就是基本体经过若干次平面或曲面的切割（这里把钻孔也看作切割）的过程。首先，要直观地判断出组合体是由哪类基本体经过哪几次切割而来的；然后，分析每次是用哪种面进行切割，切口平面在各视图中的投影是怎样的，等等。这样把面形分析与形体分析结合起来，能充分发挥面形分析法的优势，便于快速而正确地画出图形。

6. 选择视图要处理好以下 2 个方面的问题。

（1）主视图的选择要贯彻“形体特征”原则，即主视图应尽可能多地反映形体的特征。因此，在选择形体的主视图时，要让学生从不同的角度观察形体，通过比较得出主视图的投射方向。在此前提下，尽量使其他视图中产生的细虚线较少，如图 5－1a 所示方案比图 5－1b 所示方案要好。

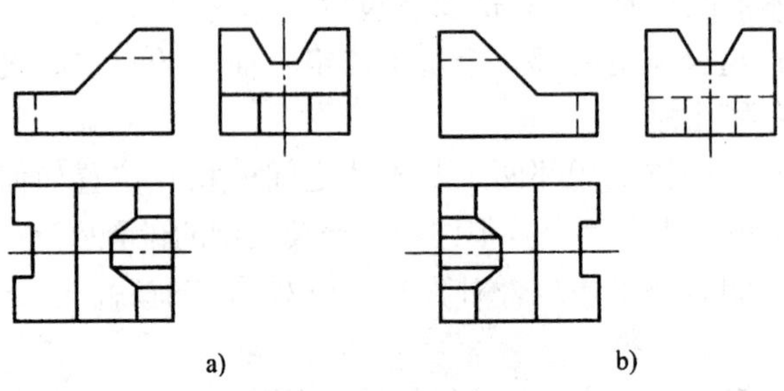

a)　　　　　　b)

图 5－1　主视图的选择

a）方案（一）　b）方案（二）

（2）在本章的教学中，对于组合体的视图，只讲到“三视图”这个层次，即一律采用三视图来表达组合体。本章不涉及其他视图和表示法。

7. 建议在示范讲解组合体三视图画法时，以模型（或教学课件）为例，教师在上面演示，同时要求学生在纸上按给定的尺寸作图，师生同步进行。这样，一方面可以提高学生的注意力，加强其在课堂教学过程中的参与意识；另一方面，可以培养学生良好的学习习惯和作业习惯。

8. 对于“组合体视图的画法”部分，可以根据学校实际情况，将学生分为若干小组，每个小组发 2 个或 3 个组合体模型作为课后作业。学生以小组为单位，各自画图，画好后在组内交流，然后比较、纠错。这样做可以大大激发学生的学习兴趣，有利于他们充分发挥主体作用。

9. “组合体的尺寸标注”的教学要贯彻“以读图为主”的教学原则，把教学的重心从“标注”真正转移到“识读”上来，在“识读尺寸”上下功夫。教学中，应以尺寸注法的有关规定为依据，一是要求标注齐全、正确；二是做到合理、整齐。以教材中支座标注尺寸为例，在初步标注尺寸的基础上，要综合考虑“正确、齐全、合理、整齐”要求，适当调整个别尺寸位置（如 ϕ40），使整体尺寸标注布局更加合理、整齐。通过以下多种形式的训练，使学生理解尺寸标注的一般原则和要求。

（1）补全漏注的尺寸。如图 5 - 2 所示，图中标注了部分尺寸，但仍有部分尺寸没有注出，让学生通过形体分析法补齐所有漏注的尺寸。

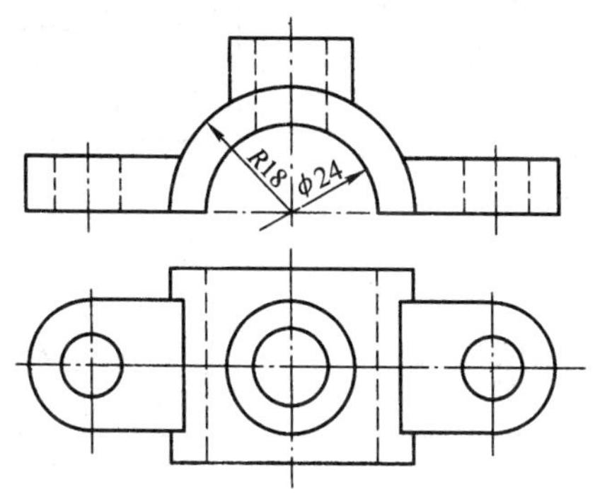

图 5 - 2　补全漏注的尺寸

（2）改正图中错注和多注的尺寸。可引导学生通过形体分析法进行判别，如图 5 - 3 所示。

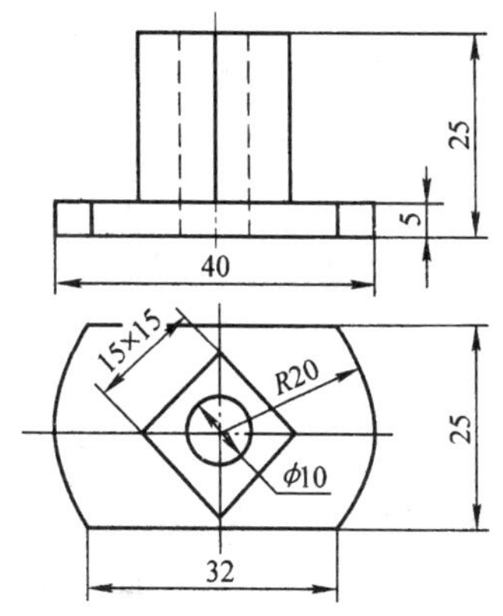

图 5 - 3　改正图中错注和多注的尺寸

（3）选择正确的尺寸标注。如图 5－4 所示，1 个形体的图形有 4 组尺寸注法，选取其中正确的 1 组。(正确答案是图 c)

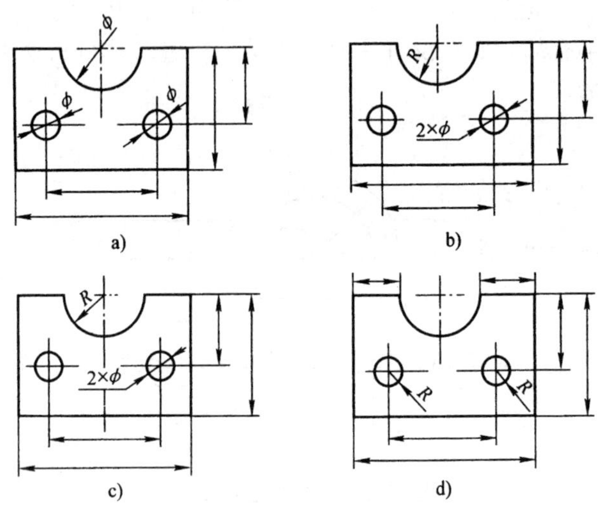

图 5－4　选择正确的尺寸标注

10. 关于“读组合体视图”的教学，建议如下：

（1）首先让学生树立整体意识，即要读懂组合体的三视图，必须把所给的几个视图联系起来整体考虑，才能想象出物体的形状。因为 1 个视图只能反映物体在 1 个方向上的形状。

（2）通过各种途径增加学生头脑中的表象储备。学生能否读懂图，在很大程度上取决于学生的头脑里有多少表象储备，储备越多，读图能力越强。根据学校的实际情况，可以从以下几个方面着手增加学生头脑中的表象储备：

1）利用有关的模型、实物等，多次进行由实物到图形和由图形到实物的读、绘训练，进一步培养学生的空间想象能力。

2）引导学生有意识地记图。对一些常见基本体（如实心或空心圆柱、圆锥、长方体上开槽、圆柱上切肩和开槽等）的实物形状和图形特征加以记忆，并弄清它们之间的对应关系，便于用时提取。

3）可让学生在课后利用常见的材料自制一些简单的几何模型，以便头脑中多储存空间形象。

(3) 引导学生弄清视图上每条图线、每个图框以及相邻封闭图框的含义。因为理解并熟悉了组合体视图中各种图线和图框表示的含义（图5-5）后，读图时就容易引发联想，举一反三，提高读图的速度。

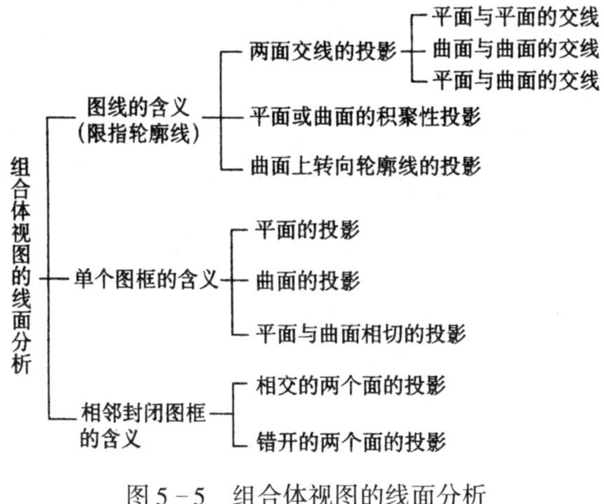

图5-5　组合体视图的线面分析

(4) 形体分析法是识读视图的主要方法。为了增强教学效果，建议教师把形体分析法的读图步骤概括为4个字来分析讲解，以便于更好地指导学生练习。这4个字分别是“分”“对”“想”“合”。具体解释如下：

“分”是指将组合体的三视图分解为若干个线框。如果是大框接小框，则组合体为叠加类；如果是大框包小框，则组合体为切割类。这是读图的第一步。

“对”是指把已分好的线框按三视图的“长对正”“高平齐”“宽相等”的投影关系，用三角板、分规等工具逐个找出其在各视图中的投影。

“想”是指通过投影分析，想象出各线框所对应的基本体的形状。

“合”是指把各线框所代表的基本体按照它们的相对位置关系进行组合（包括叠加和切割），并注意它们之间的表面连接形式，进而想象出整体形状。

当然，这只是一般的方法，并不是每一个组合体视图的识读都必须经过这 4 个步骤。

（5）教师要引导学生借助画轴测草图来构思、想象组合体形状。画轴测草图是帮助识读视图，尤其是切割类组合体视图很有效的方法。根据划分的线框，一边想象，一边勾画，然后再进行必要的修改，最后勾画出整个组合体的轴测草图。这种方法值得向学生推广。为了引导学生使用这种方法，教师在讲授时最好多在黑板上勾画轴测草图，以便学生模仿，从而起到潜移默化的引导作用。

（6）补视图和补漏线是培养学生读图能力和检验读图效果的主要手段。因此，要适当地加大这方面的练习量。在选择练习题时，要做到由易到难，由简到繁，循序渐进，切不可一开始就让学生做较难的题目，以免使学生失去学习信心，影响教学的正常进行。

所使用的方法主要还是形体分析法，必要时辅以面形分析法，尤其在出现投影面的垂直面（视图中投影为斜线）时，要充分利用投影的类似性进行分析，补出漏画的视图或图线，这样较为简便易行。至于技巧问题，教师可根据教学实践加以展开。

六、基本概念释疑及教学误区辨析

1. 关于组合体形体分析中“形”与“位”的关系。学生的作业中，常常是基本体的视图画得正确，但相互之间的位置放置不对。究其原因，是学生重“形”轻“位”，对方位关系的理解不透彻。为此，教师在上课时应强调“形”与“位”的关系，尤其是对“位”的重要性更要重点强调，反复讲解。在组合体形体分析中，“形”是基础，“位”是关键，这一点必须充分强调，尤其在画左视图时，前后位置关系很容易搞错。这里建议读、绘俯视图和左视图时用45°线法，保证“宽相等”，明确远离主视图一侧是前面。教师要多演示，并指导学生多练习，有错误要及时纠正。

2. 关于作图过程中的基准线问题。进行形体分析后，画图时还必须确定各方向的尺寸基准，在各视图中画出各尺寸方向的基准线。这一点应反复强调，并在练习和作业中不断加以强化；否则，容易造成视图布置不当和遗漏轴线、对称中心线等错误。

3. 对于组合体视图作图过程中“底稿线”的处理。教材中要求，绘制组合体视图时必须先画底稿线，检查准确无误后，方可描深。而实际情况往往是一部分甚至可以说是一大部分学生的图形都是“一遍成”，根本没有什么“画底稿线”和“描深”之分，结果导致图面质量较差，粗线、细线不分。教学时，一方面，教师在画板图时要注意这一点，并有意识地加强这方面的教学；另一方面，在课堂练习时，加强巡视，注意观察学生的作图过程，若发现有学生不按照要求做应及时纠正，以养成他们良好的作图习惯。

4. 对于组合体三视图中细虚线的处理。本章的教学中，要求组合体视图中的所有细虚线必须全部画出，不可省略。这一点一定要加以强调。尽管这与国家标准（GB/T 16675.1 和 GB/T 17451）对正式图样的要求相悖，但应当明确，本章强调必须画出细虚线的要求是从有利于空间想象能力培养的角度考虑的。假如学生对这个要求提出规范性质疑，则可以从以下几个方面进行辨析：

（1）细虚线表示不可见轮廓线。作为轮廓线，无论可见与否，均属客观存在。在本课程教学尚未进行到剖视图的内容前，用细虚线表达形体内部的或被遮挡部分的轮廓，是符合国家标准《图线》规定的。

（2）GB/T 16675. 1 及 GB/T 17451 中对细虚线的处理原则是“避免使用”，不是一律不用。在正式用于生产的图样上，必不可少的细虚线仍应画出。

（3）国家标准对“避免”或“尽量避免”使用细虚线的条文是对图样画法的原则规定。从严格意义上来说，组合体三视图乃至标注了尺寸的组合体视图不是图样，无须受国家标准《图样画法》的制约。

5. 对“3 个视图一起画”问题，教师应多强调、多指导。虽然课堂上教师讲了，但实际画图时，仍有相当一部分学生喜欢画完一个视图后再画另一个视图。这样，一般情况下很难保证三视图的三等关系（即“长对正、高平齐、宽相等”），从而产生错误。教师在学生练习时要多指导，及时纠正错误画法。

6. 关于“补视图”与“补漏线”题量和难度的掌握问题。“补视图”和“补漏线”不是教学目的，而只是一种手段。要通过“补视图”和“补漏线”来培养和提高学生的空间想象能力和空间思维能力，检验学生的读图效果。

“补视图”与“补漏线”的有关习题很多，教师只需要围绕教学目的和专业需要，精心筛选适量有代表性的习题，掌握难度分寸，不提倡题海战术，不应引导学生攻偏题、怪题，要避免学生只会补图、补线却想不出三视图的形状。

另外，由于本章是培养和发展学生空间想象能力和空间思维能力的重点章节，实践性较强，因此，教师要避免全部课时“满堂灌”的现象，而要使学生真正成为学习的主体，给他们充分的时间和空间，让他们自己去思考、去动手、去解决问题，从而提高其能力。教师在讲授基本内容后，要注意引导，适时地点拨，让学生多练。本教材中的讨论和实训项目应引起教师的足够重视。

第六章　机械图样的基本表示法

一、本章的地位和特点

本章的地位和特点集中反映在以下 5 个方面。

1. 本章是承上启下的过渡性单元。它上承本课程的理论基础——正投影法，下启零件图和装配图的识读及绘制。

更为明确地说，前面各章的教学虽然使学生掌握了正投影法的投影特性，并借以图示出物体的三视图，但还是不够完善。欲将正投影法运用到机件的表达中，并能清晰地图示出机件的内外结构，还必须掌握国家标准对图样画法和标注方法的规定。画法和注法可合称为表示法。本章正是以介绍国家标准对图样表示法的规定为基本内容的。

2. 本章介绍的表示法属图样的基本表示法。本章讲述的视图、剖视图和断面图等是对机件的外形、内形和断面形状等画法和标注所做的基本规定。本章所介绍的表示法与下一章介绍的螺纹、齿轮等表示法大相径庭。图示螺纹和齿轮的轮齿时并不画出它们的真实投影，但按本章所介绍的表示法所画出的图形基本上是真实投影。因此，在《视图》《剖视图和断面图》等国家标准中均称这些图样画法为基本表示法。本章以往习惯上被命名为“机件的表达方法”，其实这是不规范、无专指的俗称。

3. 本章内容完全是介绍、讲解制图国家标准的规定，这在教材的各章中是绝无仅有的，当然在案例的选择上要注重其专业面和典型性。

4．自本章起，本课程研究对象的载体已由点、线、面、基本体、组合体过渡到机件，不仅在文字表述中启用“机件”一词，各图例也均为包含各种工艺结构的机械零件。

5．本章内容是读、绘零件图和装配图的重要基础，后续各章均将大量引用本章讲述的各种表示法规定。因此，本章教学直接影响着学生读、绘零件图和装配图的能力。

二、教学目的和要求

1．理解并掌握视图、剖视图、断面图、局部放大图的画法和标注规定，了解各种表示法的应用。

2．了解常用的简化画法规定。

3．能比较恰当地综合应用各种基本表示法表达一般机械零件。

4．了解第三角画法的原理及特点，掌握第三角画法与第一角画法视图的转化。

5．在理解和掌握各种基本表示法的同时，通过练习进一步提高学生的空间想象能力和读、绘机件的多面正投影图的能力，从而为读、绘零件图和装配图奠定较好的基础。

三、教学重点和难点

1．重点

（1）视图、剖视图和断面图的画法、标注规定。

（2）进一步提高学生的读图、绘图能力。

2．难点

（1）各种基本表示法的综合应用。

（2）断面图画法中的 2 条特殊规定。

（3）读图、绘图能力的进一步提高。

四、标准化状况

本章教学内容主要是讲述以下 8 项标准中的画法和标注方

法规定：

GB/T 4457. 5—2013　机械制图　剖面区域的表示法

GB/T 17453—2005　技术制图　图样画法　剖面区域的表示法

GB/T 17451—1998　技术制图　图样画法　视图

GB/T 4458. 1—2002　机械制图　图样画法　视图

GB/T 17452—1998　技术制图　图样画法　剖视图和断面图

GB/T 4458. 6—2002　机械制图　图样画法　剖视图和断面图

GB/T 16675. 1—2012　技术制图　简化表示法　第 1 部分：图样画法

GB/T 14692—2008　技术制图　投影法

由于本章的教学内容完全是依据国家标准的规定进行讲授，因此，教师必须全面、深入地理解以上 8 项标准的每个条款和图例。学习、查用上述标准时需要注意的是，当同一个标准化对象（如“视图”“剖视图和断面图”等）有不同年份的技术制图与机械制图现行标准时，不能认为有了后发布的机械制图标准就不再贯彻先于它发布的相应的技术制图标准了。换言之，只要两者是同为有效的，技术制图标准总是要约束相应的机械制图标准。例如，上面所列出的现行标准中，既有 1998 版《技术制图　视图》，又有 2002 版《机械制图　视图》，则前者要管后者，两者必须相辅相成地同时贯彻，不能仅贯彻 2002 版《机械制图　视图》。

五、教学建议

1. 本章的导入可考虑分为以下 4 步：

（1）提出问题。设问：为何学习了正投影法，做了大量的练习，具备了读、绘比较复杂的组合体三视图的能力，还要再学习基本表示法？教师可自问自答。

（2）展示模型。展示 1 个内外形状均比较复杂，且带有倾斜结构的零件（如测绘用铸件），说明按组合体的三视图表达时将出现较多虚线和倾斜部分投影失真等问题。

(3) 提出解决办法。例如，可采用假想剖开或增加辅助投影面后再进行投射的方法，说明按本章将要介绍的表示法可更恰当、清楚地表达内外各部分的结构和形状。

(4) 说明本章与前后章节的有机联系及本章内容的特点。

2. 除简化表示法（§6-4）外，本章其余各节的讲解要点一般可归结为5个方面：概念、画法、配置、标注、应用。教师可以考虑就以这简洁明了的10个字，分5个并列问题展开讲授。

3. 在上述5个方面的讲解要点中，画法规定是重点，但标注规定也很重要，讲授时不可淡化。应向学生说明：在识读机械图样时，若不符合省略标注条件而省略不注，不仅会给读图带来困难，甚至会产生歧义，引起误读，造成废品，贻误生产，给企业财产带来损失。例如，图6-1即为某厂因图样中标注错误而导致工件报废的实例。图6-1所示为一个长方形箱盖，要求在4个圆角上先钻通孔，再在正、反面加工不同直径、不同深度的沉孔。图中的局部剖视图未按投影关系配置，箱盖的正、反面（上、下方）又不对称，因此，在此情况下表示投射方向的箭头应予标出，不得省略。但是，该图却违背国家标准的标注规定，省去了箭头，从而使操作者误读了图样，加工时将上、下方不同的沉孔调换，造成了一大批箱盖报废。

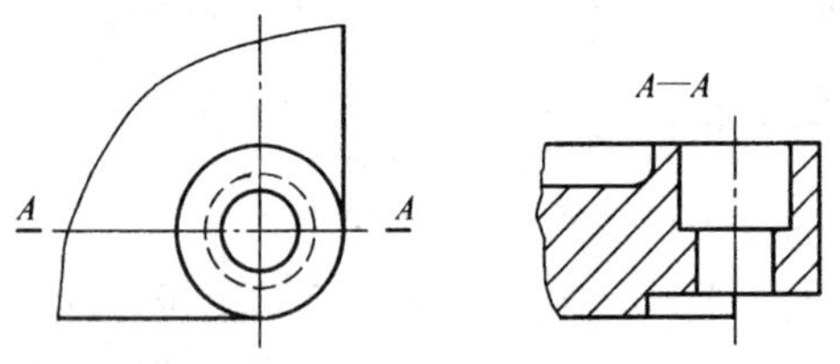

图6-1　标注错误而致废品的实例

4. 在本章第二次布置作业（即布置剖视图的第一次作业）时，必须明确说明对图形中细虚线的处理原则：能省则省。这个原则适用于自剖视图起直至本课程结束的各次作业，乃至绘制正式的生产图样。由于细虚线去留的问题是制图教学中的“老大难”问题之一，因此，“能省则省”的这一原则不仅授课时要强调，布置剖视图作业时要强调，甚至在紧接其后的每次作业提示、作业讲评中均应反复强调。

5. 本章的教学不宜过多地采用直观性教学原则。当然，在讲授一些重要的新概念（如剖视图、断面图）及布置作业中对难题进行提示时，采用展示模型或借助 CAI 课件也未尝不可，甚至是必要的。这样不仅有利于学生对新概念的建立和理解，也有利于增加学生头脑中对各种机件的表象储备。但是，如果每个例子、每道习题都展示出空间形体，就可能使学生产生依赖思想，抑制或影响学生主观能动性的调动和发挥，不利于学生通过本章学习进一步提高空间想象力。

6. 注重比较分析，做好本章的总结。本章讲述的基本表示法种类繁多，应用各异。为帮助学生理解和记忆，有必要进行比较分析和归纳总结，如图 6 – 2 所示。按该体系图总结时，应重点讲解 2 点：

（1）简述各种表示法的基本概念和应用场合的区别。

（2）比较剖视图、断面图的分类和剖切面的分类。说明这是 2 种不同的分类体系，让学生切忌在概念上互相混淆。该体系图列出的 3 种剖切面可供剖视图、断面图按需选用。

特别是对于常用的几种剖视图，可以运用以下口诀，帮助学生理解和记忆：

外形简单宜全剖，形状对称用半剖；
一个剖面切不到，多面平行相交剖[①]；
局部剖视最灵活，哪里适用哪里剖。

---

① 国家标准规定，剖视图的术语废弃“阶梯剖”“旋转剖”，分别以“几个平行剖切平面剖切”“几个相交剖切平面剖切”代替。

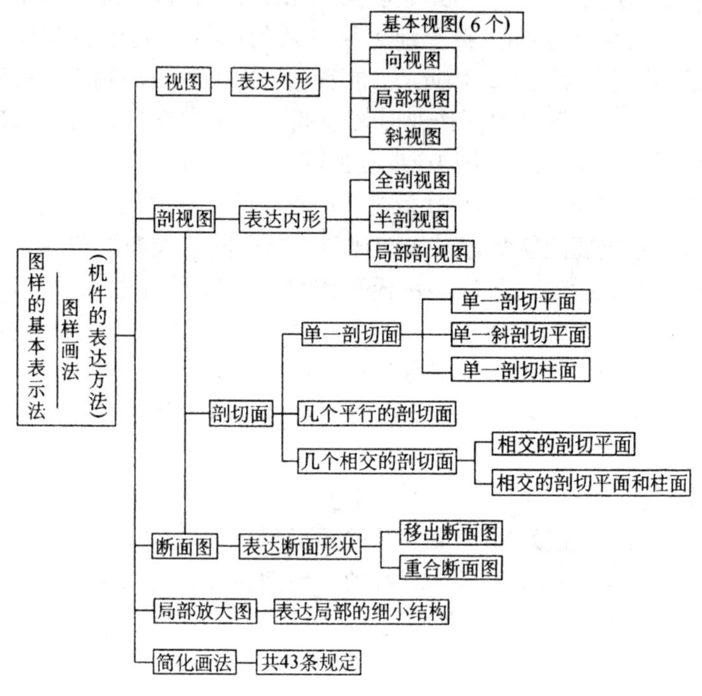

图 6－2　图样的基本表示法——图样画法

对制图教师来说，还应深入了解该体系图依据的标准背景，关注标准化动向。制图标准在不断地进行修订，该体系图是根据现行的机械制图标准（GB/T 4458.1、GB/T 4458.6）和近年来发布的技术制图标准（GB/T 17451～17452、GB/T 16675.1）综合归纳、整理而成的。旧标准将图样画法并列为 6 种，但是，由于 GB/T 16675.1 已将第六种画法——“其他规定画法”纳入了简化画法，因此，一览表中只并列了 5 种基本表示法。

7. 由于我国投影体制（详见本章“基本概念释疑及教学误区辨析”之 6）的变动，第三角画法已允许在必要时采用；此外，2002 版国家标准《视图》允许局部视图按第三角画法配置；同时，随着我国对外技术交流与日俱增，很多合资、外资企业生产中采用第三角画法。特别是为适应世界技能大赛要求，本教材增加了国外图样案例。因此，在安排本章的教学内容和分配课时时应当重视“第三角画法”（§6－5）这一节的教学，切勿将其作为选学内容，应根据学生就业单位需求，合理安排教学内容。

六、基本概念释疑及教学误区辨析

自本章起，启用“表示法”这一术语。这一术语是由《技术产品文件　词汇　投影法术语》（GB/T 16948—1997）提出并定义的。“表示法”的定义中有3个关键词，即：投影法、画法和注法。这恰好是本章讲述各种表达方法中要讲的3个重点内容，故将本章乃至下一章要介绍的每种表达[①]方法称为“××表示法”是恰如其分的，如“视图表示法”“剖视图表示法”“向视图表示法”“齿轮表示法”。

现就图样画法中的5大类表示法及第三角画法分析如下：

1．视图表示法

（1）机件与组合体的概念比较。“机件”和“组合体”均为非规范化术语，但在本课程教学中，其内涵已约定俗成，形成了极为广泛的共识。本章之前，大量地使用“组合体”一词；自本章起，则改用“机件”一词。“机件”是机械零件和部件的简称。由于基本表示法规定了如何将正投影法用于绘制技术图样[②]，因此，从国家标准到本教材，所举图例均为机件，不再是组合体。本章前所称的组合体可以认为是几何化的“零件”。

---

① 启用“表示法”这一规范用语后，建议不再使用“剖视图表达方法”这类提法。“表达”二字宜用于其他场合。例如，选择一组视图，表达某零件，分析确定该零件的表达方案。

② 见 GB/T 17451，该标准中明确规定：“技术图样应采用正投影法绘制。”

机件与组合体的区别主要有以下几点：

1）两者是本课程不同教学阶段的研究载体。组合体是作为图示法基础和培养空间想象能力及形象思维能力的研究载体；机件则是研究读、绘机械图样的载体。

2）机件的构形要考虑“三性”，即：可用性、工艺性和经济性；组合体则无须考虑此“三性”。

3）表达机件的视图数不定，可以是 1 个视图或多个视图，根据需要确定；组合体则通常用 3 个视图表达。

4）对虚线取舍的处理原则不同。机件应坚持细虚线“能省则省”的原则；组合体则应按细虚线“缺一不可”的原则处理。

（2）关于“视图”概念的外延。根据《技术制图　通用术语》（GB/T 13361—2012），视图是指“根据有关标准和规定，用正投影法所绘制出物体的图形”。在 GB/T 17451 中则进一步指出，视图中应“尽量避免使用（细）虚线表达物体的轮廓及棱线”。因此，视图是用来表达物体外形的图形。正是按照这一规定，图 6－2 所示体系图中的基本视图、向视图、局部视图和斜视图一般不画出细虚线。

对照视图的定义，剖视图、断面图也是按规定用正投影法画出的图形，也是符合视图定义的，因此也应属于视图的范畴。这是从广义上来解读视图这一概念的含义。

同理，正等轴测图也是用正投影法按规定绘制的，也符合视图的定义，也可称为视图。但人们习惯上将其直接称为正等测。需要注意的是，斜二测是采用斜投影法绘制的，不属于视图的范畴。

至于有人将点的投影图也称为视图，这是错误的，因为点不是视图定义中所指的物体。

（3）理解向视图概念的几个要点。GB/T 17451 在视图的分类中增加了“向视图”。理解这一概念时应着重了解和注意以下几点：

1）在工程上，世界各国采用的多面正投影有第一角画法和第三角画法之分。2 种不同画法在基本视图的配置上有着不同的规定。因此，考虑到各国的差异，在国际标准 ISO/DIS 11947—1：1995 的正文中回避使用“基本视图”一词，只提“向视图”，而将第一角画法和第三角画法同时列入了该标准的附录中。根据 ISO 标准的这一动向，我国在制定 GB/T 17451—1998 时，考虑到“基本视图”这一术语在我国已沿用了数十年之久的国情，故仍予保留。同时，为与国际接轨，新增了“向视图”。

2）在已被取代的 GB 4458. 1—1984 中，表达外形的视图分为 4 种，即基本视图、局部视图、斜视图和旋转视图。GB/T 17451—1998 中，表达外形的视图也分为 4 种，即基本视图、向视图、局部视图和斜视图。从表面上看，2 个标准均将视图分为 4 种，其中 3 种相同、1 种不同，即取消了旋转视图，增加了向视图。应当引起注意的是，去掉的旋转视图与新增的向视图两者既无概念上的对等关系，也无包容关系，不能笼统地说向视图取代了旋转视图。取消旋转视图的原因有两个：一是 ISO 标准中并未规定这种表示法；二是这种画法很少应用，而且凡是需采用旋转视图表达的场合，一般均可用斜视图代替（图 6－3）。

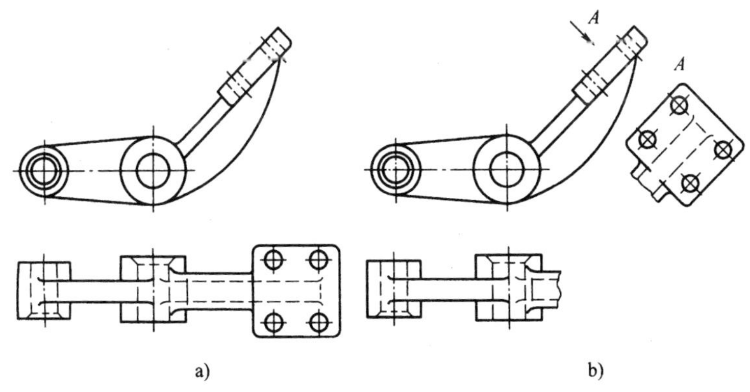

图 6－3　机件倾斜结构的外形表达方案

a）用旋转视图表示　b）用斜视图表示

3）向视图是可以自由配置的视图，如图 6-4 所示。但是，向视图的投射方向并不是“自由”的。它必须是正射，而不应是斜射，若按倾斜方向投射，则所得投影便属于斜视图了；它还必须是正射后的完整投影，因为图形不完整便成了局部视图。由此可以推导出这样的结论：向视图是基本视图的另一种表达形式，或者说，它是平移配置的基本视图。

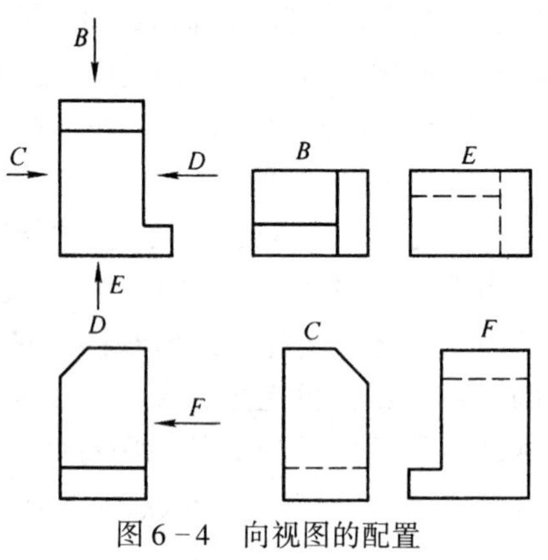

图 6-4　向视图的配置

4）还必须注意，不要将向视图与辅助投影面上的投影相混淆。例如，图 6-5 中的视图 *B* 是俯视图移位后的向视图，其上方的箭头 *F* 指向该形体的后面，投射出的图形似乎应当是反映后面的后视图。但是，图形 *F* 却出现了底面朝上的倒置现象，其上下方位恰巧与图 6-4 中的图形 *F* 相反。图 6-4 中的 *F* 向视图是将基本视图中的后视图平移后画出的，它仍是在基本投影面上的投影；而图 6-5 中的 *F* 向视图，实质上是在辅助投影面上的投影，它已不属于向视图了。

按照 GB/T 14692 的规定，第一角画法中的 6 个基本投影面上所承载的 6 个基本视图，应如图 6-6a 所示进行展开并配置。此时，不但右视图 *D*、主视图 *A*、左视图 *C* 和后视图 *F*“高平齐”，而且顶面向上、底面向下的方位均是一致的。

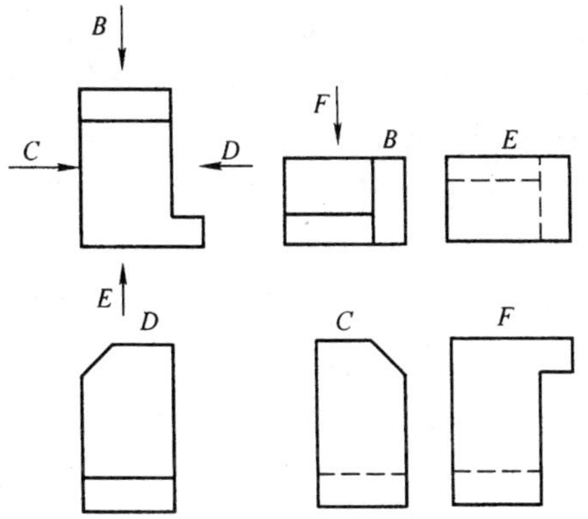

图 6－5 “后视图”投射方向的错误选择

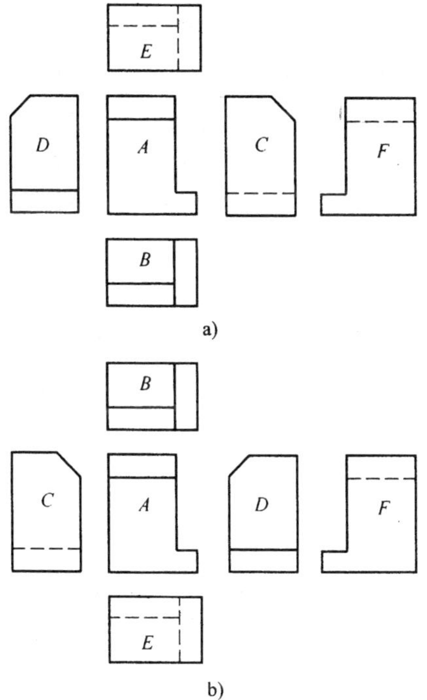

图 6－6 基本视图的配置

a）第一角画法 b）第三角画法

由此可见，将表达物体后面的视图 F 倒置，不仅不符合基本视图的配置规定（图 6－6a），也不符合向视图的画法要求。第三角画法如图 6－6b 所示。

那么，为何按图 6－5 中的 F 向投射所得的投影会呈现底面向上的倒置情形呢？其成因如下：

对照图 6－5 与图 6－7 分析后不难看出，图形 F 实际上是物体在其前方的投影面 V_2 上的投影。在投影面体系未展开时，V_2 面是垂直于 H 面且平行于 V 面和 V_1 面的一个辅助投影面。V_1 面是基本投影面，展开时，它载着其上的后视图，展平至 6 个基本视图的最右侧。当物体按图 6－5 中箭头方向 F 投射时，V_2 面上便获得反映物体后面形状的图形 F。当 V_2 面向前方旋转至与 H 面共面时需旋转 90°，而 H 面本身在展开至与 V 面共面时又旋转了 90°，故 V_2 面相对于 V 面共旋转了 180°。因此，图 6－5 中的图形 F 出现底面朝上的情形也就不足为怪了。

由以上分析可见，图形 F 的成图过程完全等同于换面法。图 6－7 中的 V_2 面虽平行于 V 面和 V_1 面，但它本身不是基本投影面，其上的图形 F 也不是基本视图，因此也就不应视为向视图。事实上，它属于辅助投影面上生成的视图。由于这一成图过程所得的图形与主视图方位成 180° 翻转关系，不便于看图，甚至容易引起误读，因此绘图时不宜采用。

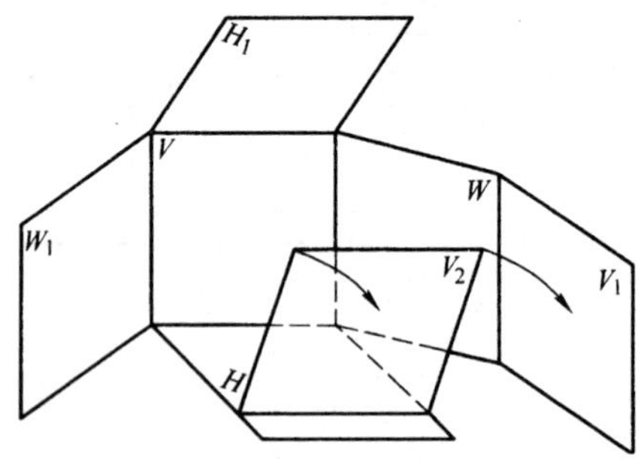

图 6－7　平行于基本投影面（V）的辅助投影面（V_2）的展开

5）向视图既然是基本视图平移后配置的，它们中的任一个视图移位后均不应改变相应的原基本视图的方位。为确保向视图的这种方位关系，必须按照图 6 - 4 所示标注表示其投射方向的箭头。由图中的箭头指向及上述分析，可以总结出向视图投射方向的标注规律如下：表示投射方向的箭头应从四周正射指向主视图；第五个箭头水平指向左视图或右视图。5 个方向可获得 5 个视图，加上主视图即为 6 个基本视图。尤其要注意的是，第五个箭头务必水平指向左视图或右视图；否则所获得的图形便不是向视图，就会改变相应的基本视图的方位。图 6 - 5 所示就是一例，图中第五个箭头指在移位的俯视图 *B* 上而导致图形 *F* 倒置。

6）GB 4458.1—1984 允许将基本视图移位配置，移位后的视图上方应标注其名称“×向”。GB/T 17451—1998 则规定在向视图上方只标注 1 个大写拉丁字母，不再注写汉字“向”。这是出于以下考虑：尽可能少地在图形上使用汉字，以便于国际间的技术交流。ISO 标准中也只用 1 个字母表示向视图名称。

（4）局部视图的概念及其“景深”的处理。GB/T 17451 中对局部视图的概念是这样表述的：将物体的某一部分向基本投影面投射所得的视图。这个定义读来通俗易懂，但如何理解其深层的内涵，处理好各种局部结构的图示问题却很有讲究。首先是所谓“景深”的处理。“景深”本是摄影技术中的术语，是指被摄景物前后（远近）的清晰范围。这里将“景深”借喻为局部结构后面部分（远离观察者的结构）画与不画的处理。

如图 6 - 8 所示，为了表达该套筒左部开槽的局部结构，给出了 2 种表达方案。当定义中所说的“某一部分”为套筒的左部时，则投射成方案 1 的图形，此时的局部视图是俯视图的一部分；当取出投射的“某一部分”为左部上半部的局部时，则得方案 2 的图形，此时的图形不应再视为俯视图的一部分。我们不妨称方案 1 为大“景深”（槽封口，画出了远处部分），方案 2 为小“景深”（槽开口，未画出远处部分）。显然，这 2 种表达方案均符合局部视图的定义，画法本身都是正确的。

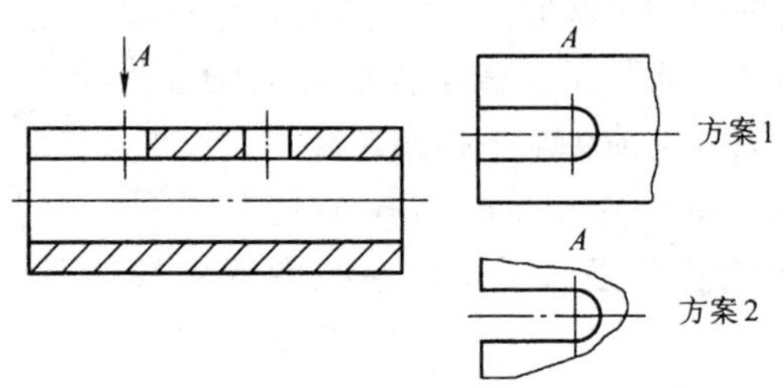

图 6－8　局部视图的“景深”处理（一）

再来分析图 6－9 所示支架中三角形结构部分的 3 种表达方案。图 6－9b 所示“景深”最小，所选取的“某一部分”仅是离观察者最近的三角形结构的左端面。图 6－9c 所示“景深”最大，不仅比图 6－9b 所示加画了三角形结构中内凹处的可见轮廓，也画出了上方伸出部分的结构，使该图成为左视图的一部分。于是，支架上、下部分之间的相对位置关系也得到了清楚的表达。图 6－9a 所示虽加大了三角形内的“景深”，但上部“景深”未加大，未画出上方伸出部分，这样不仅对“景深”的处理显得含混，且影响了上、下部分间相对位置关系的表达。因此，这个表达方案是欠妥的。但当所要表达的局部结构外轮廓线呈封闭状，经分析确实无须图示出远处部分的位置和形状时，则像本例图 6－9a 所示那样，对封闭轮廓内和其他部分采用不同的“景深”处理也是可以的。

由上述分析，可得出以下结论：

1）将局部视图笼统地称为基本视图的一部分的说法是不妥当的，至少是不严谨的。因为它有时表现为基本视图的一部分（图 6－8 方案 1 和图 6－9c），有时则不是基本视图的一部分（图 6－9b）。

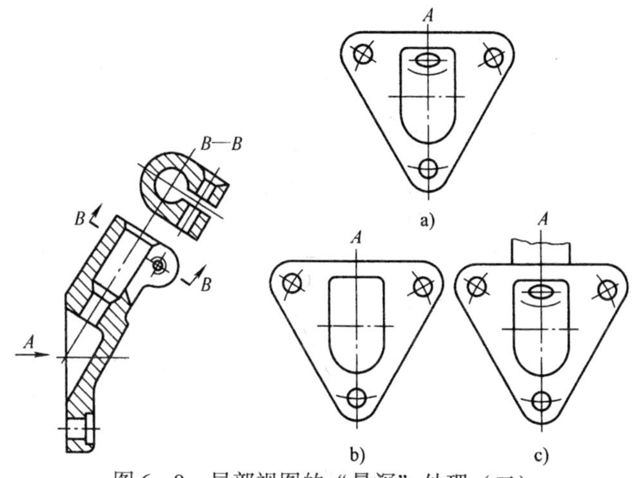

图 6-9　局部视图的“景深”处理（二）

a）“景深”处理含混　b）“景深”最小　c）“景深”最大

2）局部视图“景深”的大小及定义中所指的“某一部分”的选定应以满足表达需要为原则。

（5）局部视图和斜视图断裂方式的确定。无论是局部视图或局部的斜视图，都是将机件的某一部分向投影面投射，这就需要假想将机件的某一部分与其余部分断裂开而分离出来。断裂处的边界线可采用 3 种图线，即波浪线（图 6-10a）、双折线（图 6-11）和作为特例的细点画线（图 6-18）。实际上，用作断裂边界的 3 种图线的选取并无太多讲究，较难处理的是断裂方式的确定。断裂方式确定后，方能选取断裂边界用线。

断裂方式大致可归纳为 3 种，即随意断裂、隐匿断裂和重合断裂。随意断裂应用最多，如图 6-10a 所示用波浪线作为断裂边界。教学中，应将波浪线理解为机件假想断裂面有积聚性而形成的投影，以避免多画线或缺线。图 6-12 所示为隐匿断裂的实例，此时可认为左部外伸接口是从其颈部断裂后，再按箭头指向画出局部视图 *A*。由于左端凸缘的遮挡，颈部断裂边界隐匿其后，故局部视图上无须画出断裂边界。

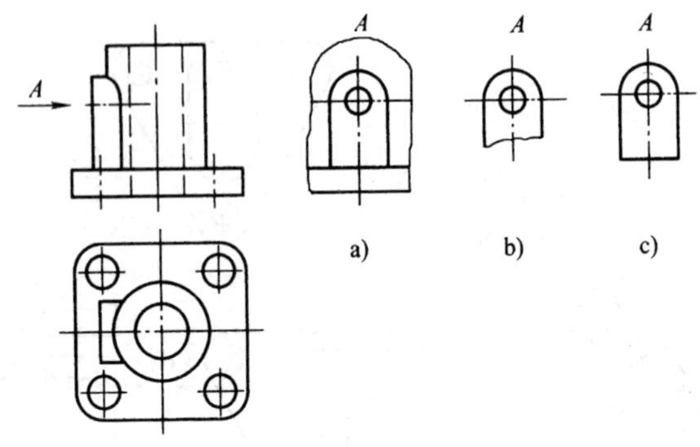

图 6-10　局部视图的断裂方式（一）

a）随意断裂　b）随意断裂＋重合断裂　c）断裂方式错误

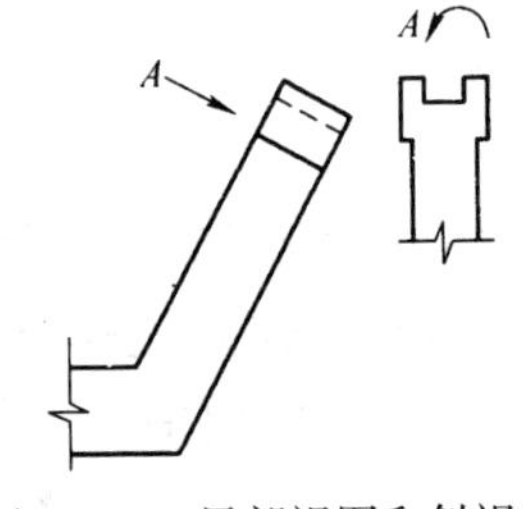

图 6-11　局部视图和斜视图的断裂边界

图 6-13a 所示键槽的局部视图属于重合断裂。此时可理解为沿槽侧周边挖切而将其分离出来投射所获得的局部视图。因此，断裂边界与长圆形轮廓完全重合。同样，图 6-13b 的局部视图也可视为重合断裂。

3 种断裂方式可在同一局部视图中混合应用。例如，图 6-10b 所示下边为随意断裂，其余则为重合断裂。图 6-10c 所示的画法是不允许的，因为下边的水平线不仅是局部结构的边界，而且是底板的上表面投射后的轮廓线，而断裂边界是不得借用其他部分轮廓线的。

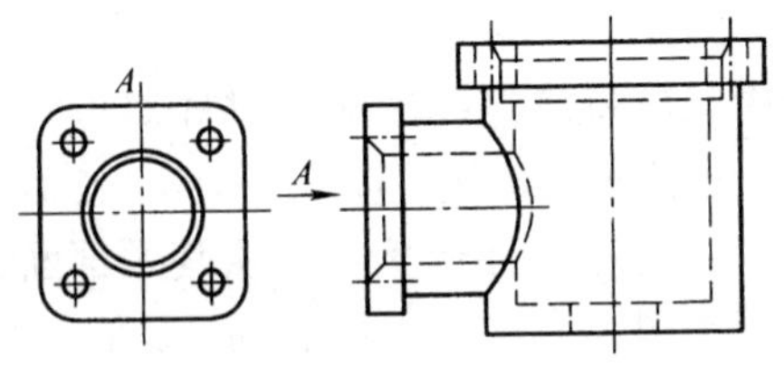

图 6-12　局部视图的断裂方式（二）

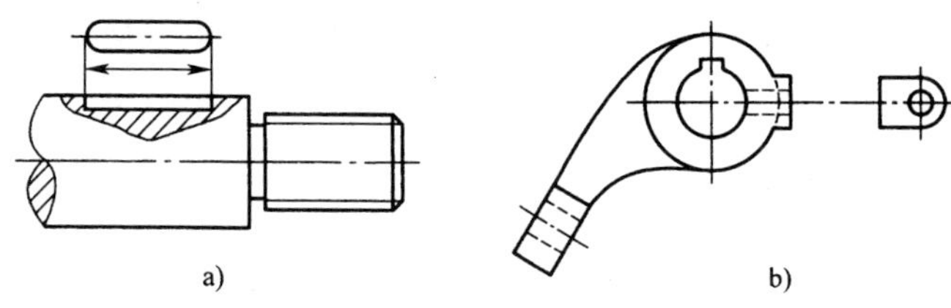

图 6 – 13　局部视图的断裂方式（三）

图 6 – 14 所示齿轮的内孔，其局部视图不宜视为挖切后的重合断裂。因为它本身就是左右贯通的，无须挖切便已分离。由于孔的这个局部结构的轮廓自行封闭，故可根据 GB/T 4458.1—2002 规定，省略四周的波浪线。因此，它属于省略断裂边界的随意断裂方式。

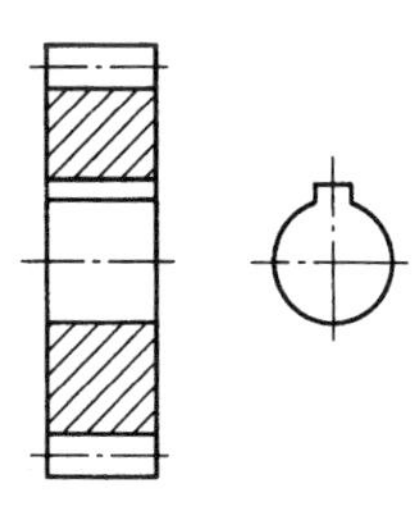

图 6 – 14　局部视图的断裂方式（四）

综上所述，局部结构完整、外部轮廓呈封闭状的局部视图，可省略不画波浪线。符合此条件的局部结构有以下 4 种情形：

1）局部结构呈悬臂状，端部周边有法兰状凸缘（图 6 – 12）时，属隐匿断裂方式。

2）局部结构外伸，但端部周边无凸缘（图 6 – 13b）时，属重合断裂方式。

3）局部内凹，但凹入部分不贯通（图 6 – 13a）时，属重合断裂方式。

4）局部内凹，且凹入部分贯通（图 6 – 14）时，属省略断裂边界的随意断裂方式。

（6）局部视图的配置及标注规定。GB/T 4458.1 在修订时，既采用了国际标准，又继承了我国标准的某些规定。对于局部视图的配置及标注，修订后的 2002 版标准规定了以下 3 种形式：

1）按基本视图的配置形式配置，当与相应的另一视图之间没有其他图形隔开时，则不必标注，如图6－15所示俯视图位置上的局部视图和图6－16a所示局部视图。

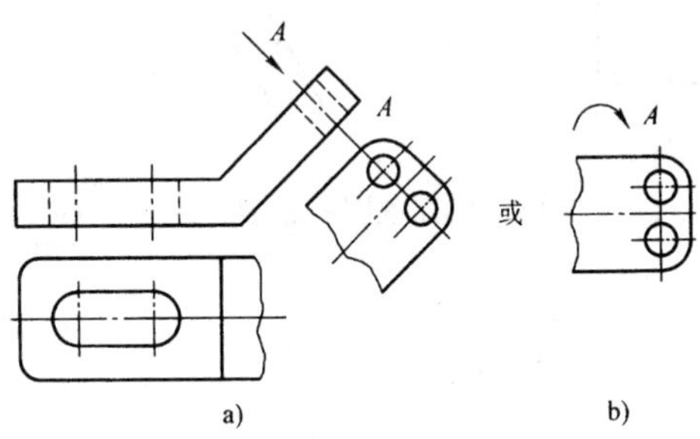

图6－15　局部视图及斜视图的表示法

a）与A向平行　b）旋转至水平

2）按向视图的配置形式配置和标注，如图6－16b所示局部视图B。

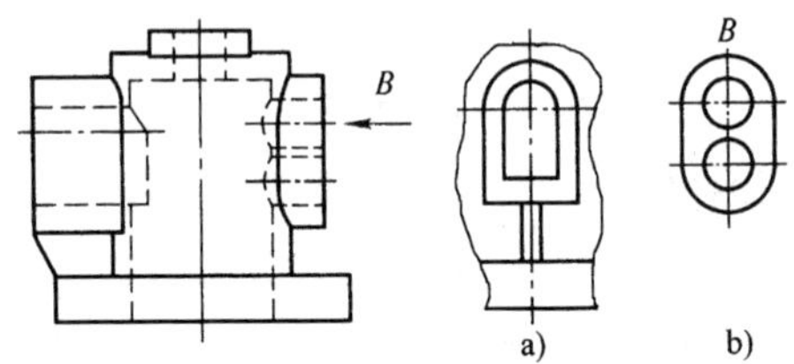

图6－16　局部视图的配置及标注

a）按基本视图的配置形式　b）按向视图的配置形式

3）按第三角画法配置在视图上所需表示的局部结构的附近，并用细点画线将两者相连（图6－13b、图6－17）。

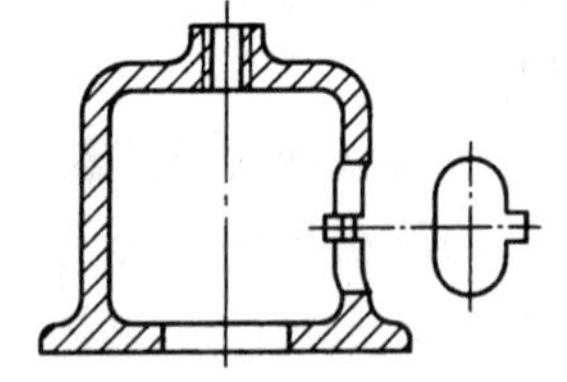

图6－17　局部视图按第三角画法配置

上述3种配置形式的前2种继承了我国标准中已有的配置规定，虽然第二种配置形式

（图6－16b）是新提法，但我国一贯是允许这样配置和标注的，只是因为在 2002 版标准之前未将此称为向视图的配置形式（即“向视配置法”）。

局部视图的第三种配置形式是 GB/T 4458.1—2002 中根据国际标准所做的规定。实际上在 GB 4458.1—1984 和 GB/T 16675.1—1996 中均已有按第三角画法配置的图例。但是，所给图例都只限于前后对称的结构（如图 6－13a 中的键槽等）。既然是对称结构，那么按第一角画法、第三角画法理解是一致的，因此，当时的标准中没有明确是按第三角画法配置。

现行标准中以不对称结构为例（图 6－17），规定可按第三角画法配置局部视图。由于我国一直习惯采用第一角画法，因此对这个新规定，设计人员和操作者务必给予足够重视；否则极易造成误读。为与第一角画法的配置加以区分，现行标准规定：局部视图与相应的视图之间应用细点画线相连，以建立联系。图 6－13a 所示局部视图则是借用尺寸界线与相应视图建立联系的特例。

（7）局部视图的画法特例。对称机件的视图可以只画一半或四分之一，如图 6－18 所示。这种画法显然是符合局部视图定义的。因此，GB/T 17451 将这种表示法归入了局部视图的范畴。同时，由于这种表示法是对完整画出该视图的简化，故 GB/T 16675.1 又将此视为简化画法。

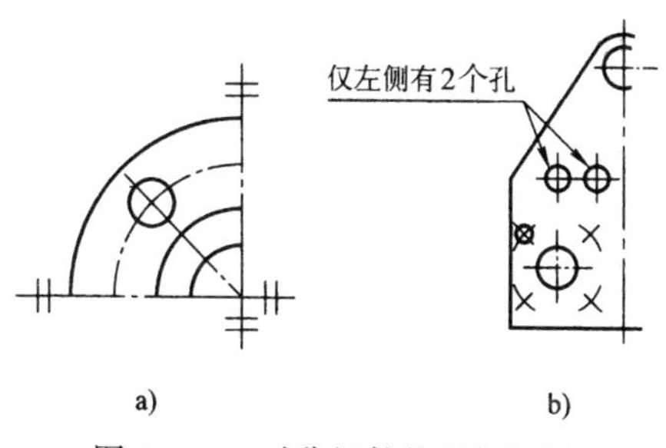

图 6－18　对称机件的局部视图

a）完全对称　b）基本对称

当将图6－18称为局部视图时，可视为1种特例，或称作特殊画法。称其特殊是因为它恰好在对称中心线处断裂，是以细点画线作为局部视图的断裂边界线。

应用和理解图6－18的表示法时还应注意以下几点：

1）这种画法一般应在机件完全对称时采用。应将如图6－18a所示的盘形零件理解为上下及左右方向均完全对称，故其上共有均布的4个小孔。

2）这种画法应用于基本对称机件时，不对称的局部结构应予注明，如图6－18b所示。

3）采用这种画法时，应在对称中心线的两端画出对称符号（图6－18a中对称中心线上两端2条平行的细实线）；或者不画对称符号，而使轮廓线略超出对称中心线（图6－18b）。

（8）关于斜视图的画法原理及有关概念。斜视图的表达目的是反映机件倾斜结构部分的真实外形。当将机件向平行于倾斜结构表面的辅助投影面投射时，原来平行于基本投影面的一些结构将变为不反映实形的失真投影，故常常将这部分结构断开不画。这样，斜向投射的结果往往只画成局部的斜视图。斜视图断裂边界的选用与局部视图相同，这里不再赘述。但是，局部斜视图与局部视图的画法原理却有着根本的区别。局部视图是机件的某一部分向基本投影面上的投影；斜视图则是机件倾斜结构在辅助投影面上的投影。也就是说，斜视图的画法原理是换面法，这在GB/T 24739—2009中已做了明确规定。

依据换面法原理绘制斜视图时应厘清以下概念：

1）表示斜视图投射方向的箭头指向必须遵循2条基本规则：一是必须垂直于倾斜结构的表面；二是必须平行于相应的所指视图的投影面（详见GB/T 24739）。例如，图6－15所示弯板中的箭头指向既垂直于倾斜表面，又平行于V面，按此指向必将投射出倾斜表面的实形。从换面法原理来解释，由于该弯板的倾斜表面为正垂面，因此只需1次换面（即画1个斜视图）

便可反映实形。

再分析图 6－19 所示弯板的画法。弯板斜立部分为一般位置平面。在换面法中，一般位置平面必须经 2 次换面（即画 2 个斜视图）方能反映该斜面的实形。但是，图 6－19 所示只画了 1 个斜视图（即只换面 1 次）就企图反映倾斜表面的实形，这种画法（含标注）显然是错误的。由给定的主视图和俯视图无法直接判断该板弯曲以前的两端是斜截还是正截。因此，1 次换面不可能求出实形来。这是该图的错误之一。

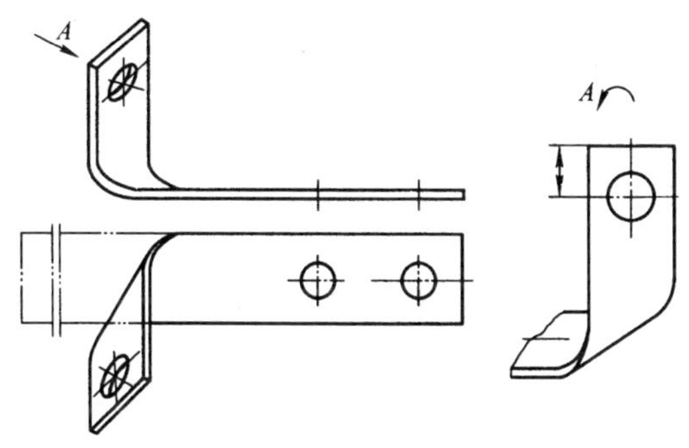

图 6－19　表达一般位置平面实形的错误画法

另一个错误是箭头指向有误。图示的箭头指向错把二维图形当成了三维图形。图中只画了 1 个箭头，试图按此方向投射出斜立表面的实形来。实际上，图示箭头指向并不能指示出正确的投射方向。现分析如下：如果将图中箭头指向理解成平行于 *V* 面，则此指向在空间肯定不会垂直于斜立部分表面，因为该表面不是正垂面，而是一般位置平面；反之，如果将该箭头指向理解为垂直于斜立的一般位置平面，则此指向肯定不再平行于 *V* 面，即图中的箭头指向画法违背了前面提到的 2 条基本规则。

图 6－19 所示弯板可按图 6－20 所示的表达方案：经 2 次换面，用 2 个斜视图，这样方能正确地图示出斜立部分表面的实

形。在这个表达方案中，2 次换面的箭头指向均分别平行于所指视图的投影面，并保证了第二次换面时的投射方向 B 垂直于倾斜表面。

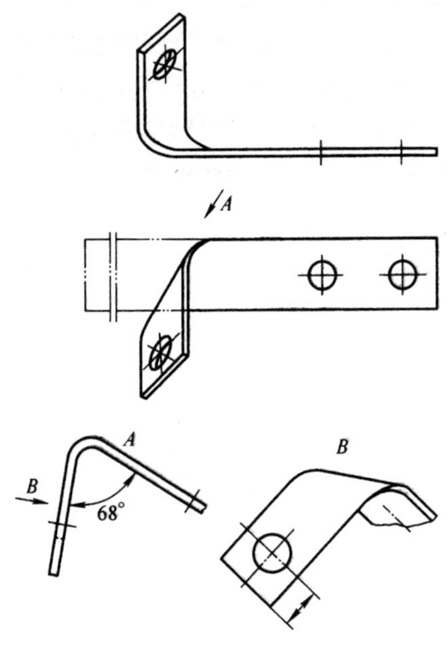

图 6 – 20　表达一般位置平面的斜视图

2）当有必要将斜视图旋转配置时，其旋转方向是任意的，既可顺时针旋转，也可逆时针旋转。

3）国家标准中未予规定斜视图旋转配置时的旋转角度，旋转角度可根据需要小于或大于 90°。

图 6 – 21 所示机件，从俯视图可见左后方有 1 个 45°的斜面，图中给出了 B 向斜视图的 3 种配置方案。图 6 – 21c 所示的视图按换面法原理配置，即按投影关系配置，未旋转；图 6 – 21a 所示的视图顺时针旋转了 45°，结果出现了底面朝上的情形，使图形的上下方位与主视图相反，显然这种表达方案极为不妥；当将图形

逆时针方向旋转135°而获得图6-21b所示的视图时，这样图形的上下方位与主视图一致。比较3种配置方案：图6-21c看图较方便，但绘图不方便；图6-21a尽管其旋转角度小于90°，但它不符合看图习惯，容易误读，因此这种配置不可取；图6-21b效果最佳，尽管旋转角度大于90°，但图示方位方便看图。

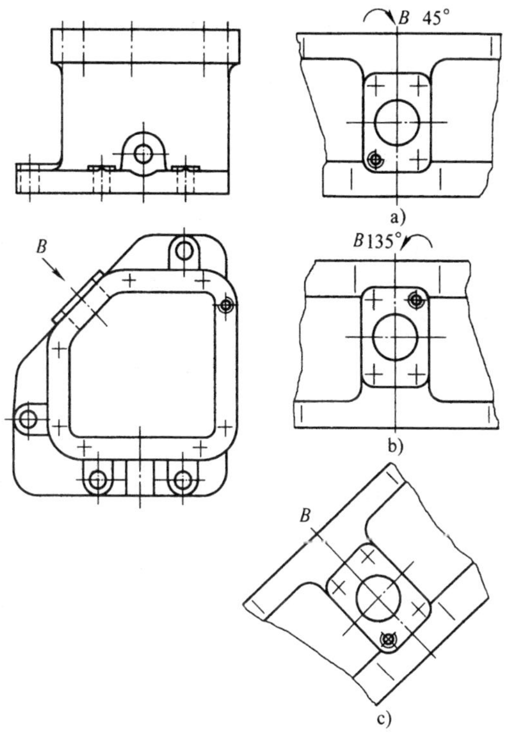

图6-21 斜视图旋转角度的分析

a）顺时针旋转45° b）逆时针旋转135° c）未旋转

（9）网状结构画法的新规定。新标准GB/T 4458.1—2002规定：滚花、槽沟等网状结构应用粗实线完全或部分地表示出来，如图6-22所示。贯彻这条新规定时要注意以下2点：

一是表示网纹的图线，旧标准 GB 4458.1—1984 中规定用细实线，新标准 GB/T 4558.1—2002 则明确规定改用粗实线绘制。

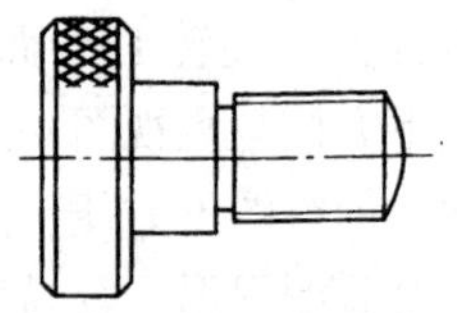

图 6－22　网状结构的画法

二是设计绘图及练习时，通常将网纹的倾斜方向画成 45°，实际上这种画法是错误的。如图 6－22 所示，网纹的倾斜方向应与水平成 30°夹角。这个规定在标准中未用文字表明，而是用图示表明的。其实，这并不是新规定，1984 版标准中也是按 30°夹角给出图例的。

2. 剖视图表示法

（1）关于剖视图和剖切面的分类体系。剖视图的种类和剖切面的种类有着各自的分类体系，不应混淆。我国早期的机械制图国家标准中一直沿袭苏联标准（ГОСТ）的规定，将剖视图分为 7 种，即：全剖视图、半剖视图、局部剖视图、旋转剖视图、阶梯剖视图、复合剖视图和斜剖视图。作为简称，允许省去每个名称后的“图”字，如半剖视图可简称为半剖视。

但是，ISO 标准中只将剖视图分为 3 种，即全剖视图、半剖视图和局部剖视图，而无阶梯剖视图（或阶梯剖）、旋转剖视图等。为向国际标准靠拢，国家标准 GB 4458.1—1984 中将原有的 7 种剖视图改成了与 ISO 标准一致的 3 种剖视图。同时，也考虑了我国的国情而采取了过渡性措施，即保留了“阶梯剖”“旋转剖”等术语。但要注意，以“剖”字结尾的这些术语已不再是剖视图的分类名称，而是剖切方法的简称。该标准将剖切方法分为 5 种，即：单一剖、阶梯剖、旋转剖、复合剖和斜剖。这样，早期的 7 种剖视图的单一分类体系自 1984 年起便改成了 2 个并行的分类体系，即：剖视图分类体系和剖切方法分类体系。3 种剖视图的分类名称是从剖切范围的多少的角度来分类命名的；5 种剖切方法则是从采用什么样的剖切面（或剖切面的组合）的角度来分类命名的，因此，又可看成 5 种剖切面。

由此可见，早期的单一分类体系实际上混淆了 2 类不同的分类体系。例如，将“旋转剖”等本属于剖切方法的概念与“全剖视图”等并列称为“旋转剖视图”，这是很不科学的。

为完全与国际接轨，GB/T 17451—1998 中在保持 3 种剖视图的分类体系不变的情况下，将 5 种剖切面（剖切方法）修订为 3 种剖切面的新的分类体系（图 6－2），即单一剖切面、几个平行的剖切面、几个相交的剖切面。在该标准中，取消了“旋转剖”“阶梯剖”等 5 种剖切方法的简称。在新的剖切面分类体系中，实际上仍涵盖了原有的 5 种剖切方法。例如，单一剖切面涵盖了原有的单一剖和斜剖；几个平行的剖切面仍指原有的阶梯剖；几个相交的剖切面则涵盖了原有的复合剖和旋转剖。因此，以后应不再使用“阶梯剖”“旋转剖”等被正式废止的术语。这是贯彻 1998 版和 2002 版国家标准以后，在制图教学中特别要注意的。

（2）各种剖切面在剖视图中的应用。根据 GB/T 17451 给出的定义，剖切面是指用来剖切被表达物体的假想平面或曲面。也就是说，剖切面包括剖切平面和剖切柱面。再细分，剖切平面又有正与斜之分。当剖切平面为投影面平行面时，称为正剖切平面（“正”字可省略）；当剖切平面为投影面垂直面时，该剖切平面可称为斜剖切平面（图 6－2）。

由于教材中列举的半剖视图和局部剖视图的图例一般均为单一剖切平面，于是，有人认为，除了单一剖切面外，其余剖切面并不适用于半剖视图和局部剖视图。其实，这是一种误解，单一或多个剖切平面（或剖切柱面）均可被灵活地应用于各种剖视图。下面是各种剖切面的应用举例。

1）单一剖切平面的应用。应当注意，这类剖切面的本身可以是平面或柱面，因此，作为一个大类的提法，不能称为“单一剖切平面”，但当具体地指称某个实例时，则应分别称为“单一剖切平面”，或“单一剖切柱面”，或“单一斜剖切平面”。

①单一剖切平面可剖得全剖视图、半剖视图和局部剖视图，这是应用最广的一类情况，这里不再举例。

②单一斜剖切平面也可剖得全剖视图、半剖视图（图6－23）和局部剖视图（图6－24）。用斜剖切平面剖开机件的方法，在旧标准中称为“斜剖”，GB/T 17451—1998 发布后应不再使用这个术语。

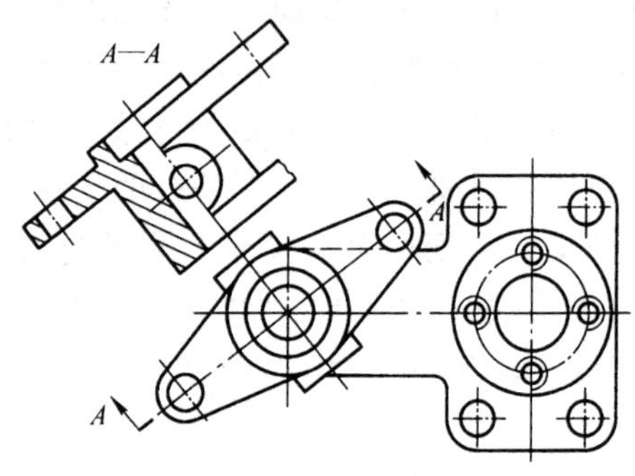

图6－23 单一斜剖切平面的应用（一）

③单一剖切柱面可剖得全剖视图，如图6－25 所示（本例也可改画成半剖视图）。单一剖切柱面用于局部剖视图的实例如图6－26 所示。由图6－25 和图6－26 可以看出，用剖切柱面剖

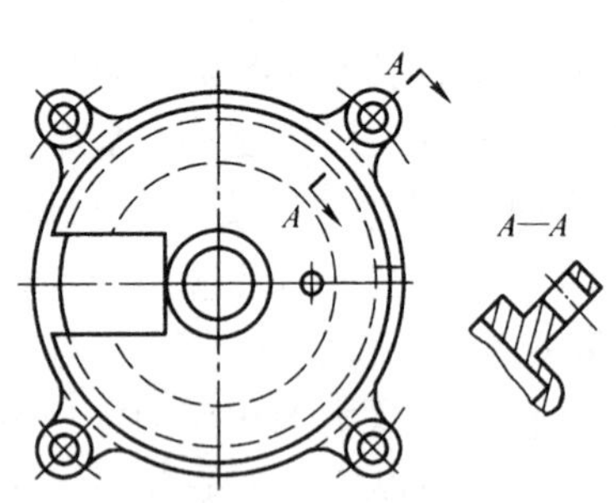

图6－24 单一斜剖切平面的应用（二）

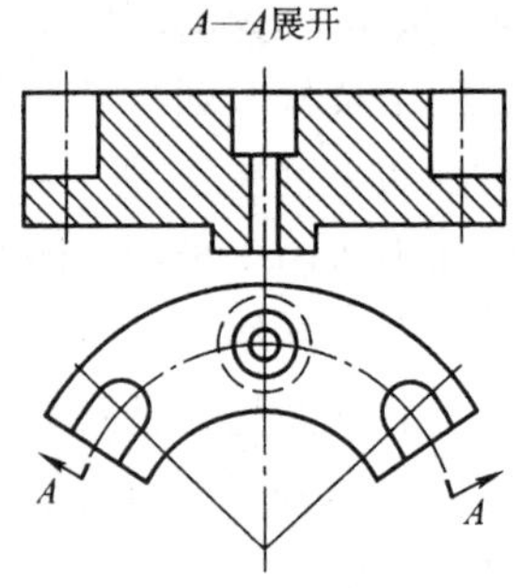

图6－25 单一剖切柱面的应用（一）

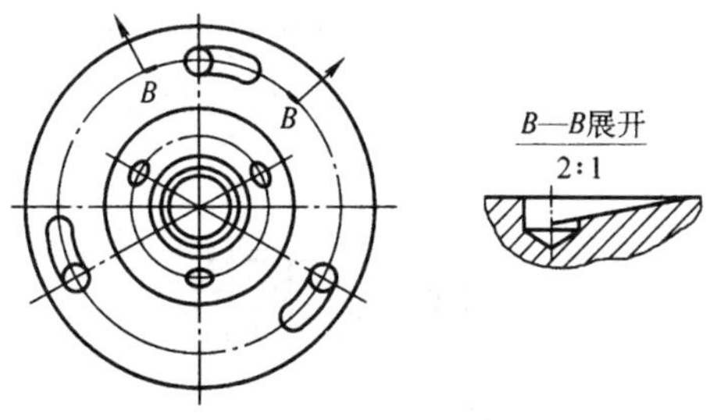

图 6－26　单一剖切柱面的应用（二）

得的剖视图一般采用展开画法表示。用单一剖切柱面剖切时是如此，在含有剖切柱面的几个相交的剖切面剖切时也是如此。

2）几个平行的剖切平面的应用。这类剖切面之间必须保持平行关系。由于只有平面之间才存在平行关系，因此就排除了剖切柱面的可能性。正因为如此，这里所称的“几个平行的剖切平面”中的“平”字不能省。

还要注意的是，在通常情况下，平行的剖切平面应为投影面平行面；必要时也可采用互相平行的投影面垂直面，此时可称为“几个平行的斜剖切平面”。下面是这类剖切面的应用举例。

①几个平行的剖切平面剖得的全剖视图如图 6－27 所示。

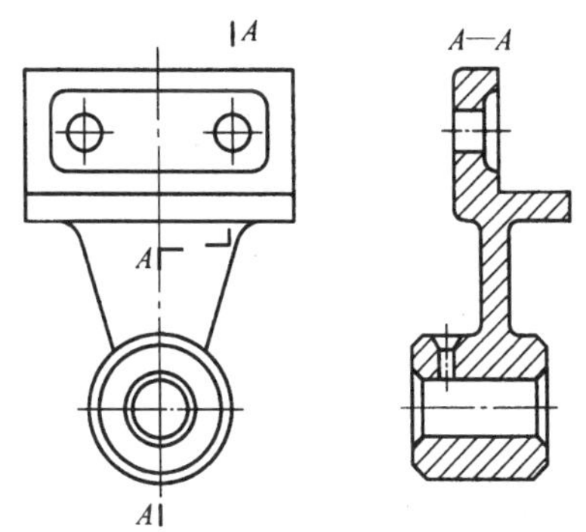

图 6－27　几个平行的剖切平面的应用（一）

②几个平行的剖切平面剖得的半剖视图如图 6－28 所示。

③几个平行的剖切平面剖得的局部剖视图如图 6－29 所示。

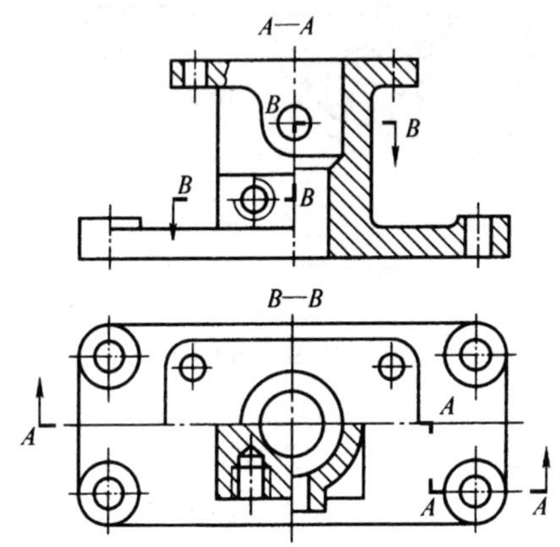

图 6－28　几个平行的剖切平面的应用（二）

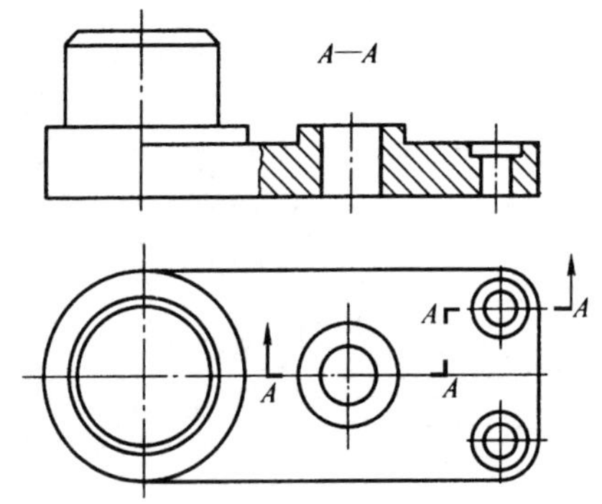

图 6－29　几个平行的剖切平面的应用（三）

④几个平行的斜剖切平面剖得的半剖视图如图 6－30 所示。必要时，几个平行的斜剖切平面也可剖得全剖视图或局部剖视图，但此时的斜剖切平面必须是投影面垂直面。

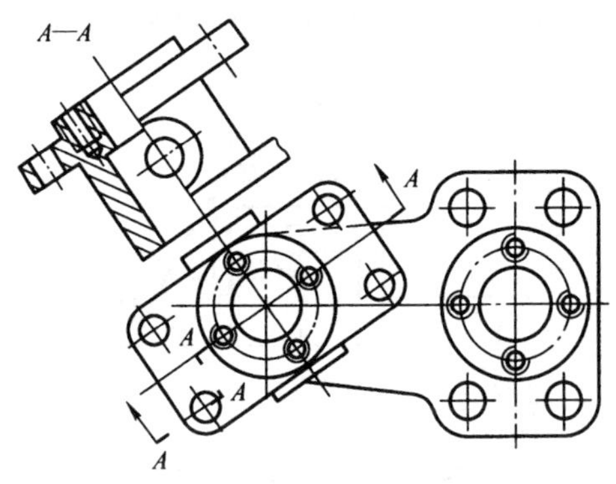

图 6－30　几个平行的斜剖切平面的应用

3）几个相交的剖切面的应用。这里所指的“剖切面”当然应包括平面和曲面（柱面）。要特别注意的是，无论是平面与曲面相交，还是平面与平面相交，其交线必须垂直于相应的投影面。这就要求剖切平面必须是投影面平行面或投影面垂直面；剖切柱面的轴线则必须是投影面垂直线；否则，它们的交线便不可能垂直于相应的投影面，也就是说，绝不允许任意斜向剖切。下面是这类剖切面的应用实例。

①由 2 个相交的剖切平面剖得的全剖视图如图 6－31 所示。

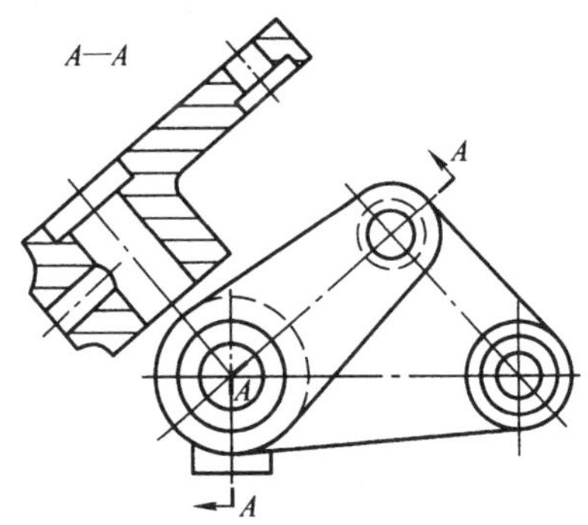

图 6－31　几个相交的剖切面的应用（一）

②由几个相交的剖切面剖得的半剖视图如图 6－32 所示。

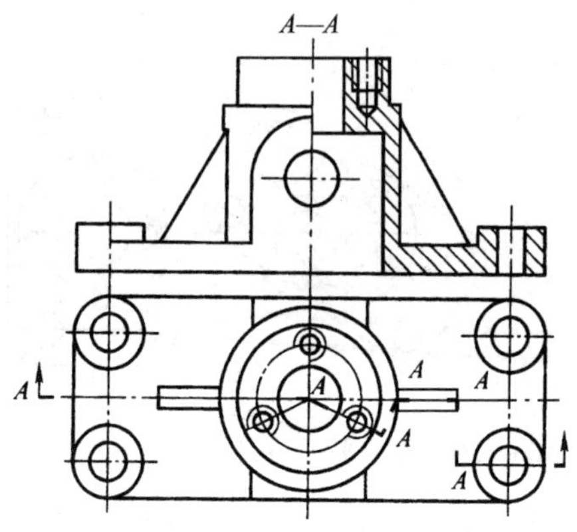

图 6－32　几个相交的剖切面的应用（二）

③由几个相交的剖切面剖得的局部剖视图如图 6－33 所示。

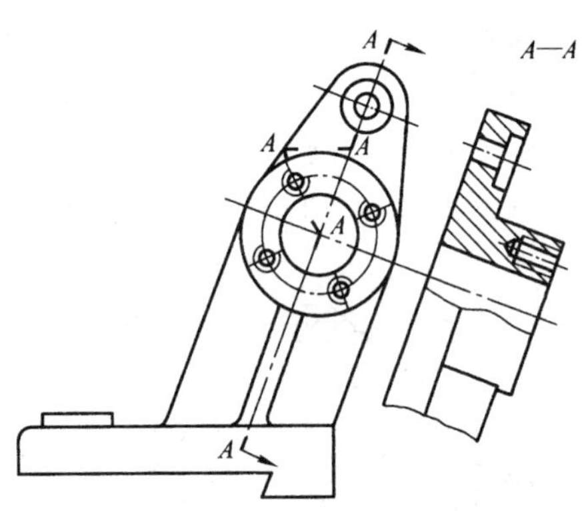

图 6－33　几个相交的剖切面的应用（三）

（3）贯彻剖视图及剖面区域表示法的新、旧标准应注意的问题。在现行的《技术制图》和《机械制图》标准中，剖视图及其相关的剖面区域表示法标准共有四项：《技术制图　图样画法　剖面区域的表示法》（GB/T 17453—2005）、《机械制图

图样画法　剖面区域的表示法》（GB/T 4457.5—2013）、《技术制图　图样画法　剖视图和断面图》（GB/T 17452—1998）、《机械制图　图样画法　剖视图和断面图》（GB/T 4458.6—2002）。它们相辅相成，应同时贯彻执行。

最新标准 GB/T 4457.5—2013 与其 1984 年版本应重点关注以下两点变动：

1）改变了标准名称。新标准名称中的主体要素由旧版本的“剖面符号”改为“剖面区域的表示法”，从而使《机械制图》中该标准（GB/T 4457.5）名称与相应的《技术制图》（GB/T 17453）和国际标准（ISO 128—50：2001）名称趋于一致。新、旧标准名称可解读为：剖面区域是用填充剖面符号的方法来表示的。在绘制机械图样时主要查用《机械制图》标准（GB/T 4457.5—2013）的规定画法。

2）改变了剖面线方向的画法规定。我国早年发布的《机械制图》标准的多个版本中均规定：表示金属材料的剖面线应画成“与水平方向成 45°的平行线”。2013 年发布的《机械制图》标准（GB/T 4457.5—2013）则根据国际标准和我国《技术制图》标准（GB/T 17453）将此条规定改为：剖面线应画成“一般与剖面区域的主要轮廓或对称线成 45°的平行线”。必要时，剖面线也可画成与主要轮廓成适当角度。可见，新标准对剖面线倾斜方向的参照物发生了改变，规定明显灵活了。

由图 6－34 可以看出，图 6－34a 是最常见的一般情况，剖面线与轮廓线成 45°；图 6－34b、c 两图反映了当剖面区域的主要轮廓线（即较长轮廓线）倾斜 45°时，剖面线呈铅垂或水平方向；图 6－34d 是反映了同一零件一次剖切所得的剖面区域，其主要轮廓线呈不同倾斜方向的情况，此时剖面线可画成与对称线成 45°；图 6－34e 则是反映剖面线与主要轮廓线间的夹角偏离 45°而成适当角度。图 6－30 也是如此。

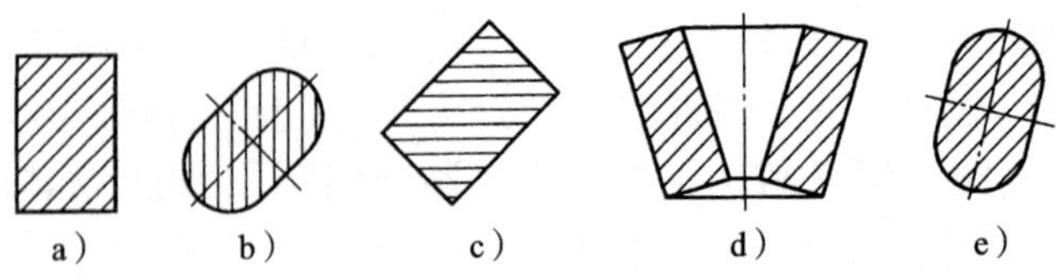

图 6－34　剖面线的方向

（4）剖视图标注中若干问题的处理。自我国第二套《机械制图》（1970 版）国家标准发布以来，剖视图的标注规定沿用了近 30 年之久，直至 1998 版的 GB/T 17452 和 2002 版的 GB/T 4458.6 发布后才有了改变。现就如何理解和处理剖视图标注中的有关问题说明如下：

1）新、旧标准均规定了 3 个标注要素，但内涵不同。由图 6－35可见，新、旧标准规定的标注要素有 3 点主要区别：

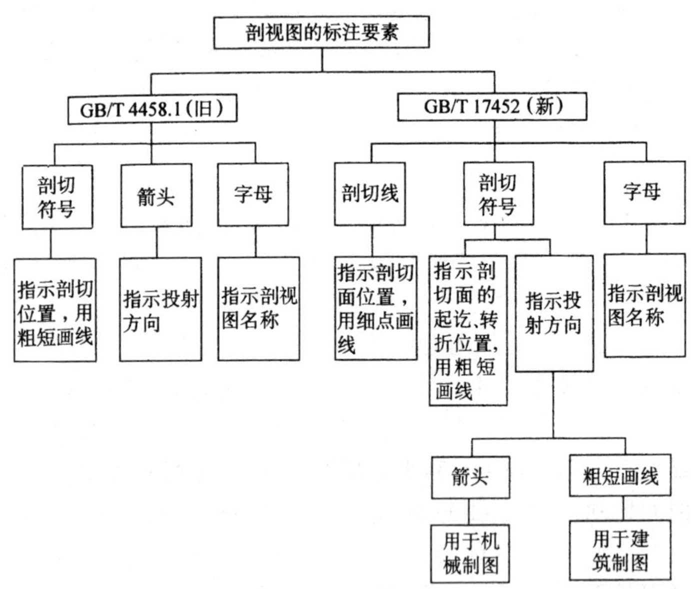

图 6－35　剖视图标注的新、旧三要素

①新国家标准增加了“剖切线”一词。剖切线用来指示剖切面的位置，用细点画线画在剖切符号之间，如图 6 - 36a 所示。剖切线也可省略不画，如图 6 - 36b 所示。

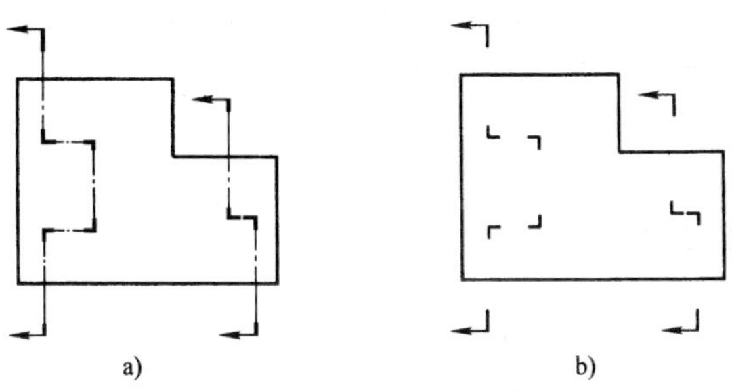

图 6 - 36　剖视图的标注

a）用细点画线表示剖切线　b）省略剖切线

②新标准将表示投射方向的箭头纳入了剖切符号的概念中，教材对这部分内容的讲解，是考虑便于理解和记忆。必要时教学中应按图 6 - 35 中的概念归属进行讲解。

③作为技术制图标准，GB/T 17452 中规定，投射方向可用箭头或粗短画线表示。标准中没有说明上述 2 种规定的应用。其实，粗短画线只适用于建筑制图，机械制图中则必须用箭头表示投射方向。因此，在有的教材中不加说明地同时介绍 2 种表示投射方向的规定是不妥当的。

2）GB/T 17452 中只规定了剖视图一般应标注的 3 个要素，除提到了剖切线可省略不画外，其他要素的省标和不加任何标注的情况未做规定，但 GB/T 4458. 6—2002 对此做了补充规定（此规定与 1984 版的规定基本一致），即只要符合用单一剖切平面对称或基本对称剖切，按投影关系配置，且中间无图隔开的 3 个条件，则不必标注；符合后两条则可省标箭头。

3）标准中给出的图例，有的符合省标箭头条件，但却仍完整地进行了标注。在教学中，特别是命题、阅卷时，有的教师将可省标而未省者判为标注错误，这是不合适的。根据标准中的示例，教学中可按下列共识来处理这类问题：完整地进行标注是基本规定；标注时可省而未省箭头者，不作为错误论，但应提倡可省则省的简化标注；在剖视图中一般可省略剖切线。

4）在剖视图标注中，还有一种比较特殊的情况，即允许紧贴机件的某表面剖切并进行剖切标注，但此时该表面不画剖面线，如图 6－37 所示。

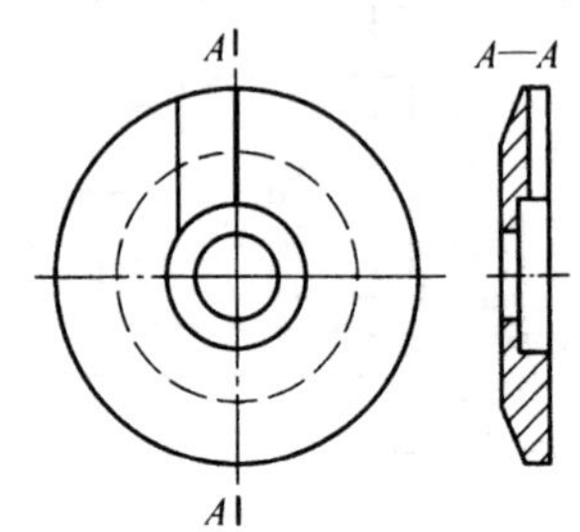

图 6－37　沿表面剖切的剖视图

(5) 剖视图配置方式的选用原则。机件被假想剖开后的图形配置在什么地方？GB/T 17452 未对此做出明确规定，但在 2002 版的 GB/T 4458.6 中对剖视图的配置规定是明确的。该标准 4.5 条规定了以下 3 种配置方式：

方式 1：按基本视图配置的规定配置。

方式 2：按投影关系配置在与剖切符号相对应的位置。

方式 3：必要时允许配置在其他适当位置。

必须注意，这 3 种方式并非完全并列的关系，不能随意选用。3 种方式有着先后之分、主次之别。选用的原则和顺序如下：

第一，应尽量采用方式 1，将剖视图配置在基本视图的位置上。例如，图 6－38 所示的剖视图“*B—B*”应首先考虑配置在图中的左视图位置上。倘若像图 6－39 所示，在左视图位置无图的情况下，将剖视图配置在图中的最右侧是极为不妥的。

第二，当基本视图位置被占据时，才可按方式 2 配置，如图 6－38 所示的剖视图“*A—A*”。

第三，只有必要时，方可采用方式 3 配置。“必要时”是指方式 1 和方式 2 均不便采用时。

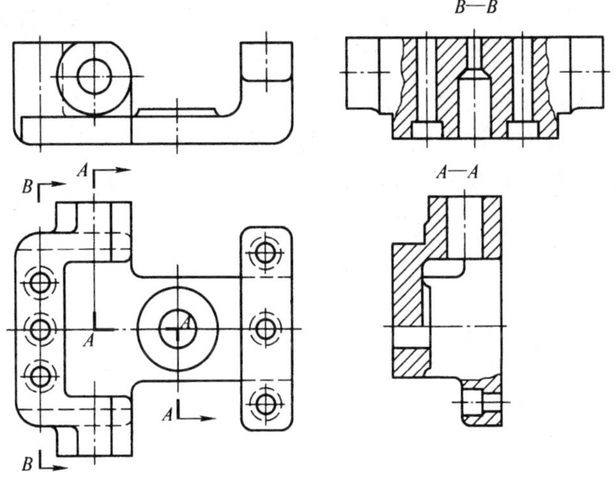

图 6－38　剖视图的配置方式（一）

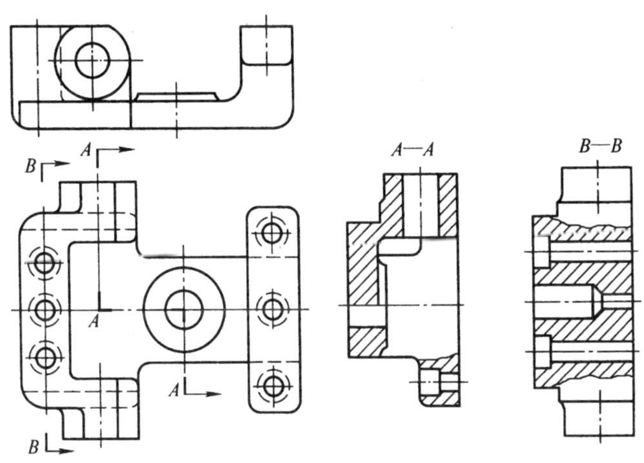

图 6－39　剖视图的配置方式（二）

（6）采用半剖视图表示法的条件。GB/T 17452 中指出，半剖视图是“当物体具有对称平面时，向垂直于对称平面的投影面上投射所得的图形……”。可见，机件（物体）采用半剖视图画法的必要条件是具有对称平面。换言之，必须是对称的机件才能采用半剖视图表示。需要引起注意的是，这里所说的是机件（物体）对称，不应说成图形对称。这两者并非完全等同。只要机件对称，图形必然也对称。但是，图形对称时，机件却不一定对称。如图 6 - 40 所示的 2 个机件，从主视图看图形是对称的，但从俯视图看机件并不对称。

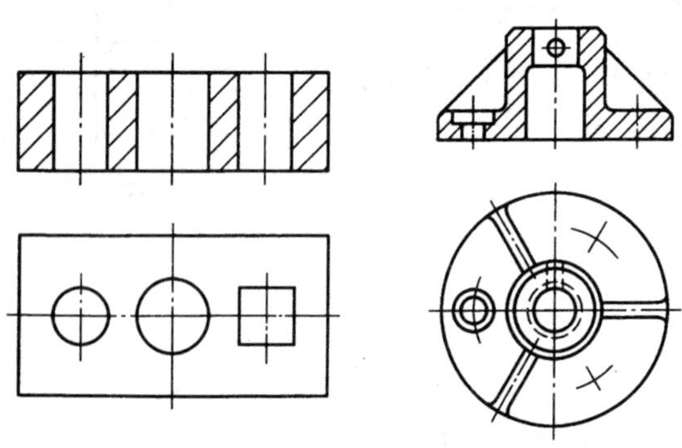

图 6 - 40　图形对称的不对称机件

半剖视图通常用于对称机件，这是基本规定；但当机件的形状接近于对称，且不对称部分已另有图形表达清楚时，也可画成半剖视图（图 6 - 41）。这是附加特定条件后，半剖视图的另一种应用场合。

（7）半剖视图中剖视部分的配置规则。半剖视图中应剖开左半边还是右半边，或剖开上方半边还是下方半边？这个问题在我国标准中无明文规定。其实，处理这个问题还是有规律可循的。半剖视图中剖视部分的配置规则是：

1）半剖视的主视图宜剖开右侧。

2）半剖视的左视图宜剖开右侧。

3）半剖视的俯视图宜剖开下方。

以上配置规则的实例如图 6 - 42 所示。这些配置规则在 ISO

标准中有明确规定。我国标准中虽未用条文规定，但从标准中给出的图例不难看出是基本符合上述规则的。不过，GB/T 4458.6 中有 1 个图例（图 6－41）例外，图中剖视部分的配置便是特例。图形的上、下方接近对称，按规定是可以采用半剖视画法的。但图中剖开的是上方而非下方。这种剖法主要是为了更好地表达位于齿轮轴孔上方的键槽。也就是说，为了表达某些特殊结构，根据具体情况做出灵活的配置处理也应该是允许的。

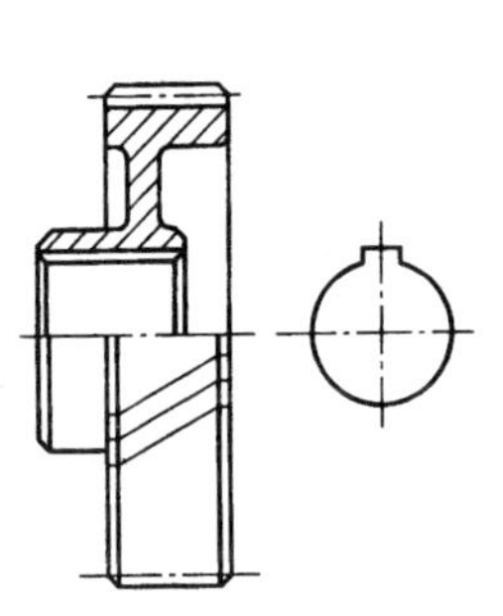

图 6－41　半剖视图中剖视部分的配置特例

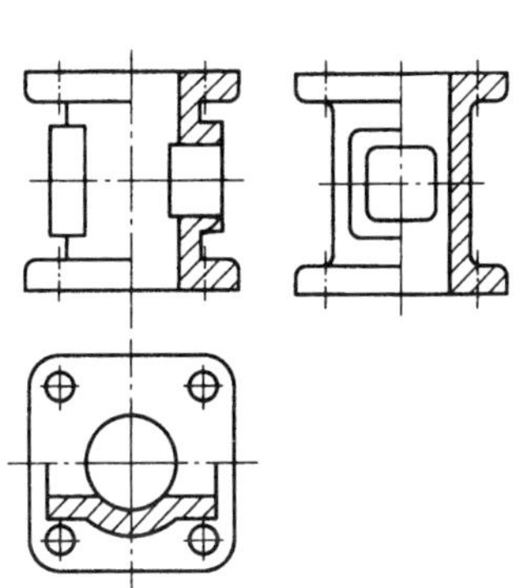

图 6－42　半剖视图中剖视部分的配置规则

（8）用几个相交剖切平面画剖视图时应处理的问题。GB/T 17452 中未就采用各种剖切面画剖视图的画法做出规定，GB/T 4458.6 则规定得比较具体。该标准在对采用几个相交的剖切平面时的画法规定中指出："采用这种方法画剖视图时，先假想按剖切位置剖开机件，然后将被剖切平面剖开的结构及其有关部分旋转到与选定的投影面平行再进行投射。""在剖切平面后的其他结构，一般仍按原位投射。"理解这条画法规定时应着重处理好以下几个问题。

1）被斜剖切平面剖到的部分应"先剖后转"，还是"先转后剖"？答案很明确：必须"先剖后转"。如图 6－43 所示，若将机件倾斜的法兰接口先旋转至朝向正下方，则只需采用单一的剖切平面即可剖得图 6－43b 所示的全剖视图。这种“先转后剖”的方法显然违背了上述的画法规定，有 2 点错误：

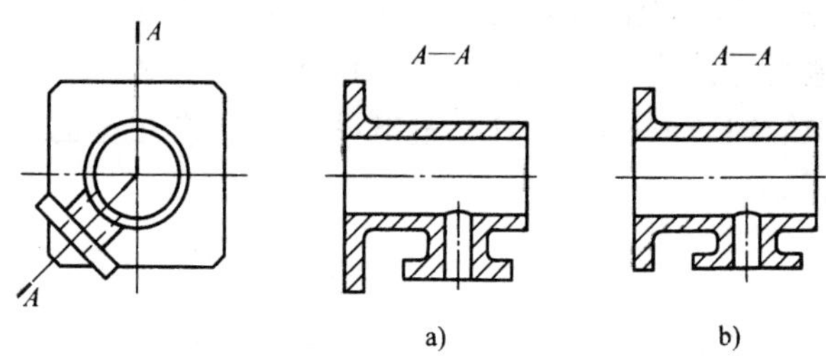

图 6－43　“先剖后转”与“先转后剖”的画法分析
a）“先剖后转”　b）“先转后剖”

其一，标注的剖切符号为 2 个相交的剖切平面，但实际上只用了单一的剖切平面剖切。

其二，剖切平面剖开正方形底板时，是沿正方形对角线方向剖切，旋转后投射时底板必然伸长，致使主、左视图间不再符合投影关系。这是符合实际情况的正确画法（图 6－43a）。可见，图 6－43b 所示底板未伸长的画法是不对的。

2）上述画法规定中提及的“有关部分”应理解为是指与所要表达的被剖切结构有直接联系且密切相关的部分（如图 6－44 中的肋板），或不随之旋转难以表达的部分（如图 6－45 中的螺孔）。这样的“有关部分”必须随着被剖切结构一起旋转后再进行投射。

3）画法规定中提到的“其他结构”是指处在剖切平面后，与所表达的结构关系不甚密切的结构，如图 6－44 所示凸台和图 6－46所示油孔。这样的“其他结构”则应按原有位置进行投射。

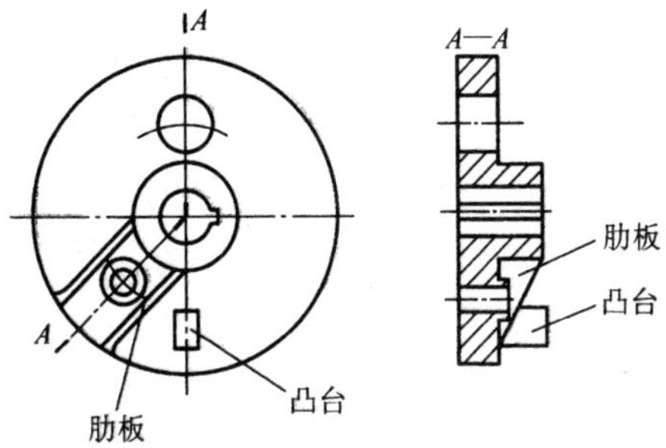

图 6－44　与被剖切结构“有关部分”的画法处理（一）

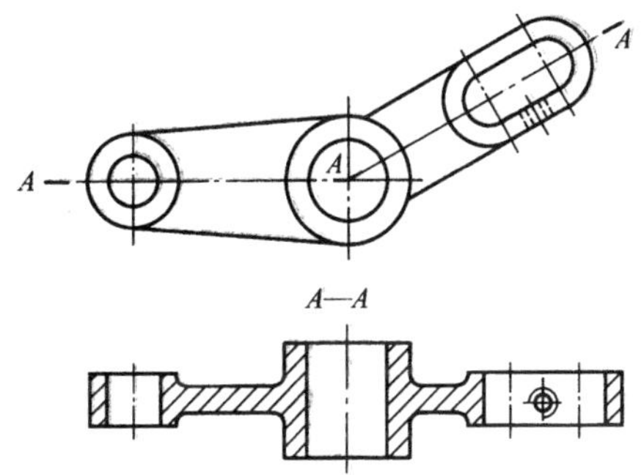

图 6－45　与被剖切结构“有关部分”的画法处理（二）

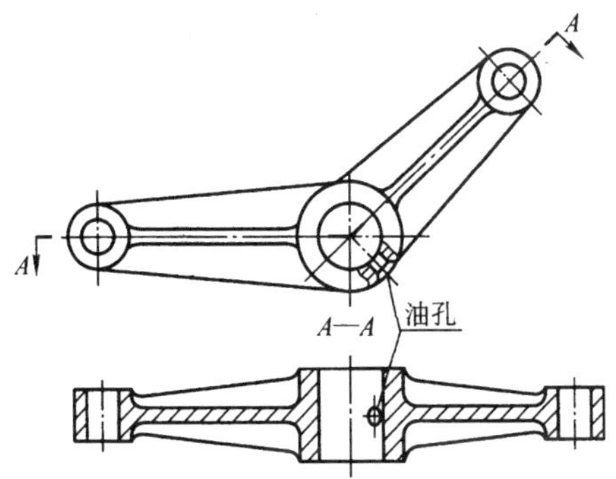

图 6－46　剖切平面后的“其他结构”的画法

3. 断面图表示法

断面图表示法应遵循的国家标准与剖视图的国家标准相同，也是 GB/T 17452—1998 和 GB/T 4458. 6—2002。上述 2 项标准与 1984 版的 GB 4458. 1 相比存在着明显的差异。除了从名称上由原有的“剖面图”改称“断面图”以外，还需注意理解以下几点变动：

（1）各种剖切面在断面图中的应用。由图 6－2 所示可见，适用于剖视图的 3 种剖切面也适用于断面图。GB/T 17452 中这一点是明确的，它在《剖视图与断面图》的标准名称下规定的“剖切面种类”指明是泛指两图的。但是，由于国家标准中的断面图图例主要是采用单一剖切面，而且历来的各种版本制图教材中通常是只在讲述剖视图时介绍剖切面的种类和应用，极少在讲述断面图时再讲剖切面的选用问题。于是，在客观上就给人造成了一种错觉：各种剖切面只适用于剖视图，断面图只能用单一剖切平面剖得。这显然是一种误解。

绘制断面图时采用何种剖切面，完全取决于机件的结构特征和表达目的。例如，图 6－47 所示的移出断面图 *A—A* 和 *C—C* 均是采用单一剖切平面获得的，移出断面图 *B—B* 和 *D—D* 则是采用单一斜剖切平面剖得后旋转配置的。应视图 6－48 所示为采用了 2 个相交的剖切平面获得的。

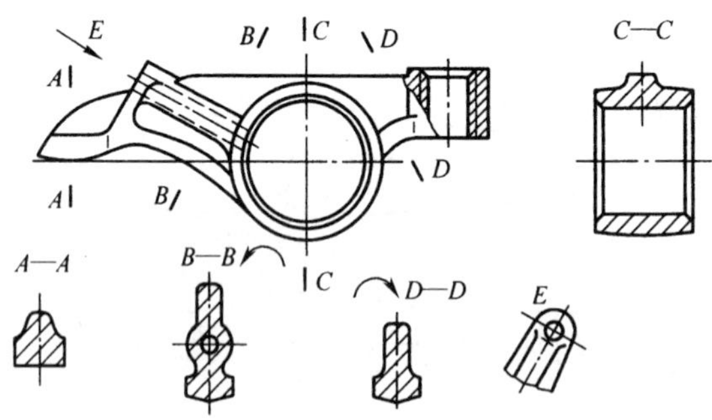

图 6－47　断面图中的剖切面的选用（一）

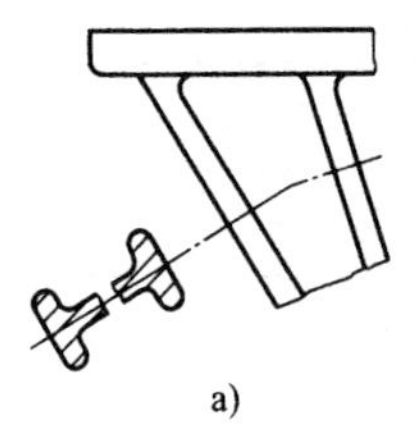
a)

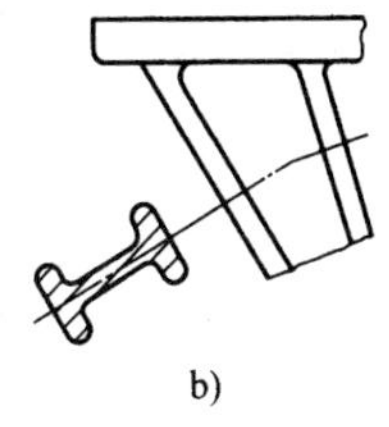
b)

图 6 - 48　断面图中的剖切面的选用（二）

a）断面图中间断开　b）断面图中间不断开

对于类似图 6 - 48 的情况，GB/T 4458. 6 的 7. 4 条专门做了规定，即“由两个或多个相交的剖切平面剖切得出的移出断面图，中间一般应断开”。这条规定在 1974 版标准中并无“一般”二字。“一般”二字是自 1984 版开始，直至 2002 版标准特意添加的。因此，图 6 - 48 中断面图的中间断开（图 6 - 48a）或不断开（图 6 - 48b）都应被认为是允许的。但需注意，当按图 6 - 48b 绘制时，断面总长度应等于弯折剖切处的两截长度之和；按图 6 - 48a 绘制时，断面总长度则应小于两截长度之和。还需注意的一点是，指示剖切位置的、弯折的剖切线（1984 版标准中称为“剖切平面迹线”）应分别垂直于该处的轮廓线。

（2）理解移出断面图标注规定的要点。首先应明确，剖视图标注的三要素同样适用于断面图。在 2 种断面图中，移出断面图的标注比重合断面图的标注情形要复杂些。移出断面图的标注规定取决于 2 个要素，即断面图的配置位置及图形的对称性。据此，可将其各种不同情形归纳为 4 种类型 7 种注法，见表 6 - 1。

需要说明的是，表 6 - 1 中的最后一种画法只能适用于机件较长、断面形状对称（表中图例指前后方向），且断面形状的变化规律明显（图例中自左至右均为逐渐由大变小的椭圆形），不致引起歧义的情况。此时，画在中断处的图形仍应视为移出断面图，且不必标注。若将其理解为重合断面图就大错特错了。

表 6－1　　　　移出断面图的配置与标注

配置	断面形状	
	对称的移出断面	不对称的移出断面
1. 配置在剖切线或剖切符号延长线上	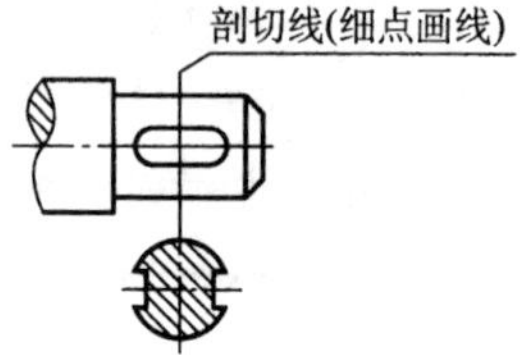 剖切线(细点画线)	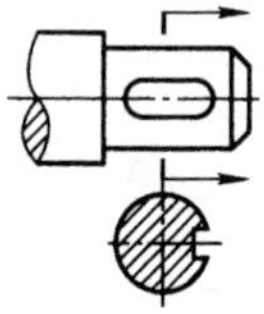
	不必标注字母和剖切符号	不必标注字母
2. 按投影关系配置	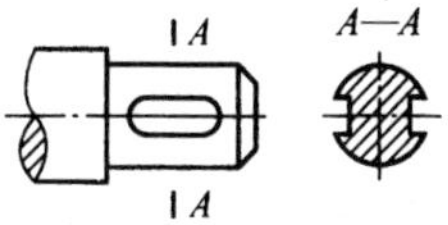 A　A—A　A	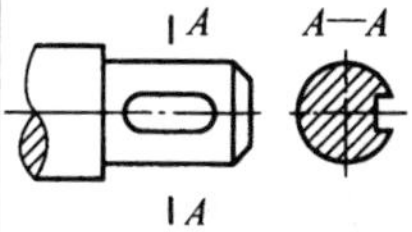 A　A—A　A
	不必标注箭头	不必标注箭头
3. 配置在其他位置	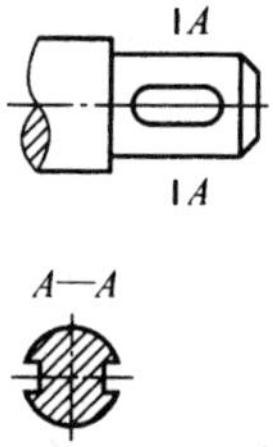 A　A　A—A	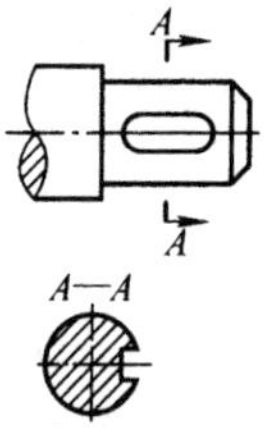 A　A　A—A
	不必标注箭头	应标注剖切符号（含箭头）和字母
4. 配置在视图中断处	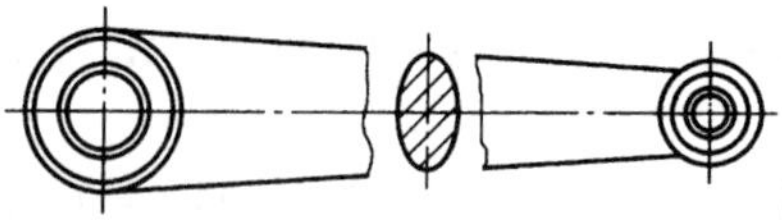	—
	不必标注	图形不对称时，移出断面不得画在中断处

注：根据 GB/T 1. 1—2020 的规定，表中的助动词“不必”可等效表述为“不需要”，并非“不是必要”的意思。

表6－1中的7种情形，当用文字表述时，每一种均需用一句较长的条文加以规定。例如，第一种情形可表述为："配置在剖切线延长线上的对称移出断面图，仅需画出剖切线，不必标注剖切符号和字母。"这样，7种情形的注法规定需表述为7个长句，因此很难记忆。为此，教学中宜引导学生重点找出其规律，加以理解，切忌死记硬背。建议可对照表6－1讲解：

——当断面图形对称时，向任一方向的投射结果均相同，则无论将图形配置在何处，均不必标注箭头；反之，应画出箭头；箭头不能孤零零地画，务必画在剖切符号中的粗短画线上。

——注写字母是为了便于对号入座，看图查找。若将图形配置在剖切线或剖切符号的延长线上时，看图时容易找到，故不必注写字母；反之，应注写字母。

——当移出断面按投影关系配置时（表6－1中的第二种配置类型），则无论图形是否对称均不必标注箭头。这一点恰好与剖视图的标注规定一致。

显而易见，以上归纳的3点共性的规定合情合理、顺理成章，理解了自然就记住了。

（3）"剖切线"与"剖切平面迹线"的概念比较。用"剖切线"代替"剖切平面迹线"是剖视图和断面图新、旧标注规定的重要变动之一。

图6－49中连接2个图形的细点画线，在GB 4458.1—1984中称为"剖切平面迹线"。它是指剖切平面与投影面的交线，用以指示断面图的剖切位置。该线在GB/T 17452—1998中改称为"剖切线"。它也是指示剖切位置的线。在旧标准中，剖切平面迹线仅用作特定条件下省略标注的图示说明。这里所称的特定条件是指配置于相应的剖切位置处的对称移出断面。它通常不被视为标注要素，不能用于剖视图。

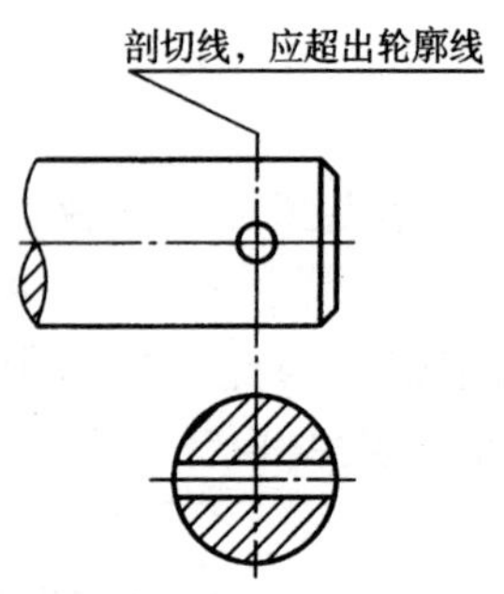

图 6－49　配置在剖切线延长线上的对称移出断面

“剖切线”与“剖切平面迹线”尽管都用于指示剖切位置，但在新标准中，剖切线是标注三要素之一。它作为剖视图和断面图的标注要素，较多地被用于移出断面图的标注，如图 6－48、图 6－49 所示。在剖视图的标注中，剖切符号之间的剖切线一般省略不画。

由上述可见，为表达图 6－49 所示部位的断面形状，尽管按新、旧标准来绘制和标注的结果完全一样，但概念上是不同的。

（4）重合断面标注规定的新旧比较。重合断面的标注规定也有了重要变动。重合断面的标注有 2 种情况，即图形对称时的标注和图形不对称时的标注。

对称的重合断面不必标注。对这种情况，新、旧标准的规定是一致的。

对不对称的重合断面是否标注，新、旧标准的规定正好相反，如图 6－50 所示。图 6－50a 所示是旧标准规定，即：当不对称的重合断面配置在剖切符号上时，不必标注字母，但应画出剖切符号和指示投射方向的箭头；图 6－50b 所示是新标准的规定，即：不对称的重合断面可省略标注。需要注意的是，这里是“可省略标注”，不是“不必标注”。2 种表述方式的含义不同。“不必标注”是指不需要标注（见表 6－1 下方的“注”）；“可省略标注”则可理解为：当不会引起误解时，才省略不标。

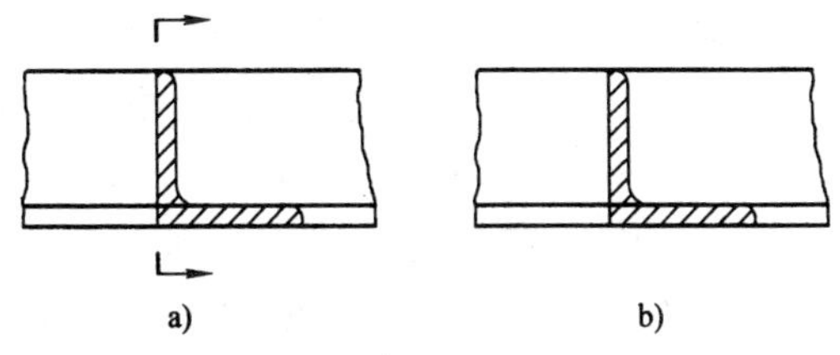

图 6-50　不对称重合断面的标注

a）GB 4458.1—1984　b）GB/T 4458.6—2002

4. 局部放大图表示法

局部放大图是用于表达机件上局部细小结构的图形。它的现行标准是 GB/T 4458.1—2002。与 1984 版的旧标准相比，新标准中有关局部放大图的规定并无实质性的变化。

长期以来，有些教材对局部放大图的概念以及画法和标注规定的讲解是欠妥的，甚至有违国家标准规定的本意。主要有以下 3 点应予澄清。

（1）局部放大图与其他基本表示法的关系。根据现行有效的标准，综合分析机械制图中图样画法的基本表示法，不难看出局部放大图是与视图、剖视图、断面图等并列的 1 种基本表示法（图 6-2）。它的这种地位主要取决于它的图示功能。它独当一面地承担着机件上局部细小结构的表达任务。这是其他基本表示法无法替代的。

（2）局部放大图上方标注的比例的含义。《技术制图　比例》（GB/T 14690—1993）中对比例所下的定义，简而言之是"图∶物"。该标准指出："本标准适用于技术图样及有关技术文件。"也就是说，在各种技术产品文件（含图样）中，无论是文字性产品文件，还是图样产品文件；无论是注写在标题栏中，还是标注在图形上方，凡是给出比例之处均指"图∶物"，均应执行 GB/T 14690 的规定。可见，比例概念的内涵和应用是十分明确的。

但是，有些制图类书籍中却明显地违背 GB/T 14690 的规定，将注写在局部放大图上方的比例解释为“放大图:原图形”，即“图：图”。这显然是错误的。究其原因，不外乎以下两点：

其一，未吃透 GB/T 14690 规定的本意，对比例这个概念内涵的确定性和在其适用范围内的统一性缺乏理解。

其二，曲解了 GB/T 4458.1 中表述的局部放大图的概念内涵。该标准指出，局部放大图是指“将机件的部分结构，用大于原图形所采用的比例画出的图形”。例如，某零件图标题栏中的比例为 1:5，当放大其某一局部，绘制成 1:1 的局部图形时，该图形无疑属于局部放大图。因为尽管 1:1 属于原值比例，但就比值而言，是大于原图形所采用比例的，也是符合局部放大图的定义的。需注意的是，这里的 1:1 仍指“图（放大图）：物”。假如将 1:1 解释成“图（放大图）：图（原图形）”，则等于没有放大，这与已放大 5 倍的事实不符。通过本例可见：

——判断 1 个图形是否属于局部放大图，应按 GB/T 4458.1 定性地衡量，只要比原图形放大了，就属于局部放大图。定义中所称的“用大于原图形所采用的比例”是一种定性的描述。

——在局部放大图上方应按 GB/T 14690 定义的比例内涵（“图：物”）定量地注写其相应的线性尺寸之比。

（3）局部放大图中剖面线间隔的处理。GB/T 4458.1 规定，局部放大图采用的画法与放大部分的表达方式无关。但常常会遇到原图形采用剖视画法，局部放大图也画成剖视的情况。于是，有人认为，这种局部放大图中的剖面线也应按比例放大其间隔距离。其实这等于是将局部放大图等同于用放大镜观察机件，这种机械的理解是不妥当的。假设将剖面线间隔也按线性尺寸一样放大是正确的话，那么，局部放大图中的各种图线理应都相应变粗，这势必会给绘图带来诸多不必要的麻烦。实际上，GB/T 4457.5 和 GB/T 17453 都规定了“同一物体（机件）的各个剖面区域，其剖面线画法应一致”。因此，局部放大图中的剖面线不应随之增大其间距。

5. 简化画法

由于采用简化画法可以提高设计效率，缩短新产品开发周期，因此，推行图样简化画法、贯彻国家标准《简化表示法》是很有意义的。

国际上许多国家都非常重视对图样简化的研究。由于我国在这个领域的研究成果处于国际领先地位，因此我国被国际标准化组织（ISO）指定为 ISO 标准《技术制图　简化表示法》的项目负责人。我国现已发布实施的国家标准《技术制图　简化表示法》（GB/T 16675—1996），实际上是由我国负责起草、经多次国际会议讨论通过的国际标准草案。2010 年 9 月，由我国主导制定的《简化表示法》中的简化画法部分已由国际标准化组织（ISO）正式批准发布为国际标准（ISO/TS 128—71：2010）。我国发布的最新版本的 GB/T 16675. 1—2012 正是参照该项国际标准修订的。

现就制图教学中贯彻简化画法标准的几个概念性问题和容易误解的问题说明如下：

（1）简化表示法与其他基本表示法的关系。基本表示法是指对技术图样中表达某一方面设计信息所做的基本规定。与对剖视图所做的基本规定一样，《技术制图　简化表示法　第 1 部分：图样画法》（GB/T 16675. 1—2012）（通常简称为“简化画法”）是对简化画法所做的基本规定。它不仅与前述的各种基本表示法密切相关，其规定涉及了外形、内形、断面及局部细小结构表达中的简化画法，还定义了简化表示法方面的术语，规定了简化的原则和对图样简化的基本要求。因此，简化画法是与视图、剖视图等并列的基本表示法。

GB/T 16675. 1—2012 共有 41 条简化画法规定。其中有些条文适用于建筑制图、电气制图，有些条文不常用，限于篇幅的原因，本教材中只编入了常用的几条简化画法规定。

（2）简化前后画法规定的选用原则。为清楚地对照说明简化画法规定“简”在何处，GB/T 16675.1 正文中对每条规定均一一对应地给出了“简化后”和“简化前”的画法示例。这 2 种画法均可采用，但是应优先采用“简化后”的画法。标准中先给出“简化后”示例，“简化前”示例并列其后，也表明了标准本身优先推荐采用“简化后”画法的意图。

（3）关于用模糊画法表示相贯线的可行性。相贯线是 2 个立体互相贯穿时的表面交线。相贯线一般为空间曲线，绘制其真实投影常常十分烦琐，这给制图的教与学以及设计绘图带来了诸多麻烦。为简化其画法，我国制图标准中早就规定了可用圆弧或直线代替相贯线的简化画法。GB/T 16675.1 在保留了行之有效的原规定的基础上，又提出了新的简化途径——模糊画法(图 6－51)。人们不禁要问：对相贯线的画法允许如此大幅度地简化，可行吗？应该说，这是可行的。这可以从以下 2 个方面来说明。

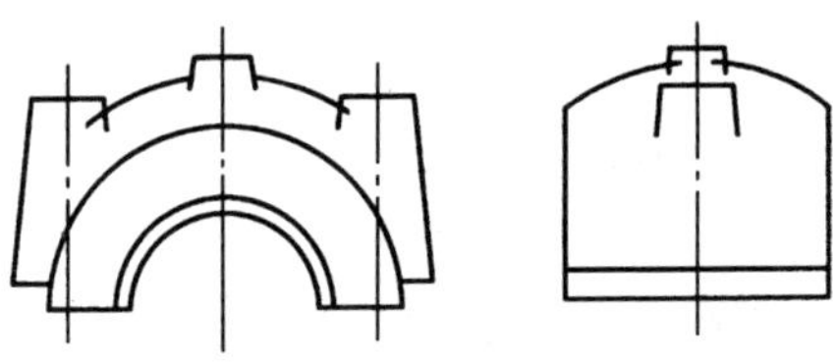

图 6－51　相贯线的模糊画法

1）相贯线是 2 个立体相交时自然形成的，不是人为加工出来的。甚至可以说，即便图样上画错了相贯线的形状，实际生产中也不会加工出错误的表面交线。因此，除绘制表面展开图外，大可不必精确地画出相贯线的真实投影。这个客观现实是推行模糊画法的基础。

2）表达零件上相贯结构的关键有 2 点：一是图示出 2 个相贯的形体属何种基本体；二是图示出 2 个形体间的相对位置(正交、斜交或偏交)。也就是说，只要图示清楚 2 个相贯形体的形状和位置，便可按图制作出零件上的相贯结构，就会自然产生出相贯线。可见，相贯区域内的相贯线投影画法并非表达相贯结构的关键。换言之，相贯线的模糊画法并不影响相贯结构的实质性表达。

（4）省略剖面符号的应用场合。1984 年前，我国制图标准中从未允许省画剖面符号。为了推行图样简化，作为尝试，1984 年发布的 GB 4458.1 谨慎地做出规定：“在不致引起误解时，零件图中的移出剖面，允许省略剖面符号。”参见表 6－2。这里限制了 3 种情况：只限于零件图，不适用于装配图；只限于移出断面图，不适用于重合断面和剖视图；只限于断面形状较简单的移出断面图（因为当断面形状复杂时，不画剖面符号容易引

表 6－2　　省画剖面符号的示例

应用场合	零件图		装配图
	断面图	剖视图	
简化后	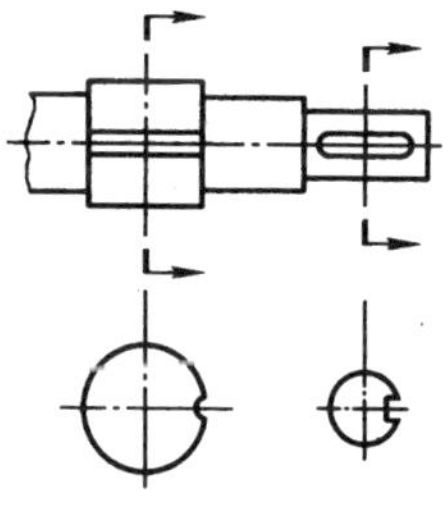	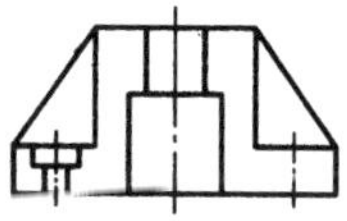	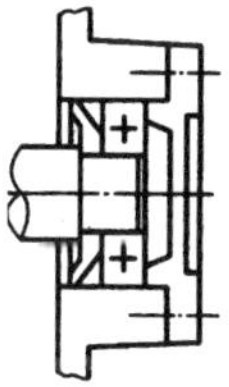
简化前	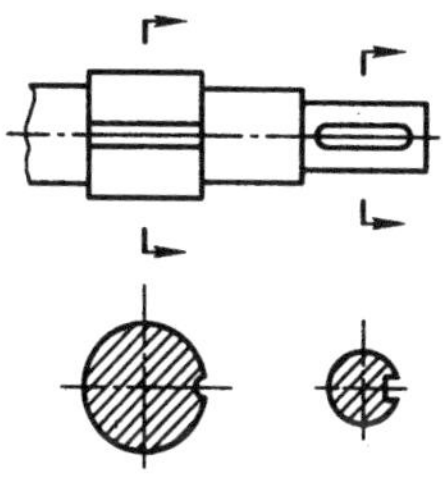	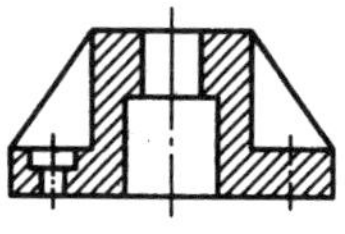	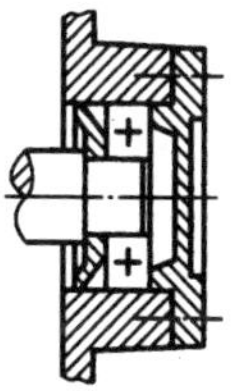

起误解）。GB/T 16675.1 中则大幅度地放开了省略剖面符号规定的适用范围，即只要不引起误解，零件图中的剖视图，乃至装配图中的剖视图均可省略剖面符号（表6－2）。

6. 第三角画法及投影体制

（1）我国投影体制的沿革情况。直至新中国成立的初期，我国不同地区受不同国家的影响，采用着不同分角的投影画法。例如，东北地区受苏联影响，采用第一角画法；上海及其周边地区受美国影响，则采用第三角画法。为统一投影体制，1950年至1984年，我国逐步制定并修订《机械制图》国家标准，标准中均规定并重申了我国的投影体制为："机件的图形按正投影法绘制，并采用第一角画法。"这种单一的投影体制在我国实施了近半个世纪。

在上述投影体制的导向下，按第三角画法绘制机械图样被认为是不允许的。因此，我国早期出版的教科书中，一般不介绍第三角画法的有关知识。这使得我国广大工程技术人员和技术工人对第三角画法的原理、特点和规定不了解，从而影响了我国与其他国家的技术交流和贸易往来。

为改变这个局面，我国1993年发布的《技术制图　投影法》（GB/T 14692）中规定："必要时（如按合同规定等），才允许使用第三角画法。"1998年，GB/T 17451作为对技术图样画法的基本要求，明确规定了我国采用的新投影体制："技术图样应采用正投影法绘制，并优先采用第一角画法。"既然采用第一角画法被视为"优先"的方案，那么就不排除其他分角的投影，即必要时可采用GB/T 14692允许的第三角画法。更为明确地说，我国目前已形成了优先采用第一角画法，有条件地辅助采用第三角画法的新投影体制。

（2）第三角画法不是一种新的投影法。在按GB/T 14692规定的投影法分类体系（图2－6）中，第三角画法与第一角画法并列，都属于最低层次。它们都是正投影法大类中的多面正投影的一种画法。第三角画法不是一种新的投影法。第三角画法又称第三角投影，但不得称为“第三角投影法”。

（3）第三角画法中的6个基本视图的名称。它们与第一角画法中的名称完全相同。视图的名称是重要的术语，应按GB/T 14692—2008和GB/T 16948—1997的规定规范其用语。有的教材将第三角画法中的6个基本视图称为前视图、顶视图、左视图、右视图、底视图、背视图。其实这些是俗称。在教学中，应按上述2个标准的规定，使用与第一角画法中的基本视图完全相同的名称。

（4）第三角画法6个基本视图的配置规定与第一角画法不尽相同（图6－6）。可以看出，左视图与右视图的位置左右颠倒；俯视图和仰视图的位置上下对调。

（5）采用第三角画法绘制六面基本视图时，为确保左视图、右视图、俯视图和仰视图四个视图之间的“宽相等”前后关系不乱，便于学生理解记忆，建议教学时采用45°线法作图（图6－52），即以主视图为中心的放射状与水平成45°线保证“宽相等”。看图比较可知：第一角画法左、右、俯、仰视图靠近主视图一边（里边）为物体的后面，远离主视图一边（外边）为物体的前面；而第三角画法左、右、俯、仰视图靠近主视图一边（里边）为物体的前面，远离主视图一边（外边）则为物体的后面。简言之，第三角画法与第一角画法的“外前、里后”正好相反。用45°线法“宽一圈”前后关系不变。

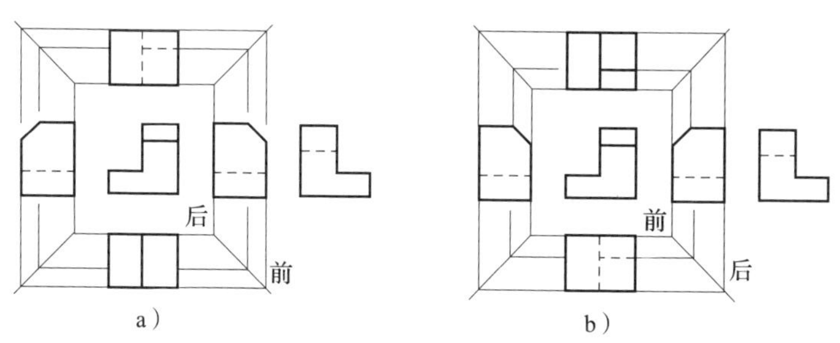

图6－52　45°线画法

a）第一角画法　b）第三角画法

第七章　机械图样的特殊表示法

一、本章的地位和特点

1. 本章讲述的特殊表示法与第六章的基本表示法相辅相成，都是对图形信息的表示所做的规定。第六章强调按投影要求图示机件内外各部分的几何形状，本章则侧重讲述按比例简化图示常用结构要素。因此，本章既不是讲述投影法，也不是讲述如何运用正投影法来绘制机械图样。但与第六章一样，都是讲述形状与结构的表示法，是本课程由基础部分转入应用部分的过渡性内容。不过，本章比第六章更多地涉及机械常识，更贴近机械图样的读和绘。

2. 本章在讲述常用件画法、常用结构要素画法的同时，还将讲授螺纹及螺纹紧固件连接、齿轮啮合、键连接和销连接等画法。表达这些结构的图形，本身就属于装配图的一部分，因此必须先介绍有关装配图画法的基本规定。可以说本章中的相当一部分内容也是学习读、绘装配图的铺垫。

3. 本章除讲述装配图画法基础及必要的机械常识外，更多的内容是介绍常用件画法和常用结构要素画法。从这个意义上讲，它也是零件图的一部分。讲解这些画法规定均须以国家标准为根本依据。因此，本章内容与第六章内容一样，也是介绍制图国家标准规定相对集中的一章。

二、教学目的和要求

1. 了解本章所涉及的常用件和常用结构要素的作用及有关的基本知识。

2. 熟练掌握螺纹的画法规定，并掌握其测绘方法。

3. 熟练掌握螺纹紧固件连接的画法，了解常用螺纹紧固件的种类和标记。

4. 熟悉螺纹标记的含义，掌握其标注规定。

5. 熟悉圆柱齿轮及其啮合画法的规定，并了解锥齿轮、蜗轮与蜗杆及其啮合的画法。

6. 了解键、销、弹簧、滚动轴承的画法规定及图示特点。

三、教学重点和难点

1. 重点

(1) 螺纹及螺纹紧固件的连接画法规定。

(2) 螺纹标记的含义及其标注方法。

(3) 圆柱齿轮及其啮合的画法规定。

2. 难点

(1) 螺纹紧固件的连接画法。

(2) 螺纹标记的含义。

(3) 模数、分度圆和压力角的概念。

四、标准化状况

1. 本章所涉及的国家标准量大面广，有关画法方面的标准如下：

GB/T 4459.1—1995　机械制图　螺纹及螺纹紧固件表示法

GB/T 4459.2—2003　机械制图　齿轮表示法

GB/T 4459.4—2003　机械制图　弹簧表示法

GB/T 4459.7—2017　机械制图　滚动轴承表示法

2. 在机械制图标准体系中，属于特殊表示法方面的标准共有6项，除了以上4项外，在设计绘图时还常用到以下2项：

GB/T 4459. 3—2000　机械制图　花键表示法

GB/T 4459. 8～4459. 9—2009　机械制图　动密封圈表示法

3. 与螺纹的术语和标记规定有关的常用标准如下：

GB/T 14791—2013　螺纹　术语

GB/T 197—2018　普通螺纹　公差

GB/T 5796. 4—2022　梯形螺纹　第4部分：公差

GB/T 12716—2011　60°密封管螺纹

GB/T 7307—2001　55°非密封管螺纹

GB/T 7306. 1～7306. 2—2000　55°密封管螺纹

GB/T 20666—2006　统一螺纹　公差

4. 螺纹紧固件的画法应贯彻执行 GB/T 4459. 1—1995 的规定，但设计绘图中要确定各种紧固件的规格尺寸时，应查阅紧固件的产品标准。常用的现行紧固件标准大多数已启用2000年后的版本，特别是2015年以来有些紧固件标准发生了变化，查用时务必注意标准年号。

5. 讲授齿轮画法和读、绘齿轮图样时，不仅要熟悉齿轮画法的标准规定，还需了解和查用以下常用的齿轮标准：

GB/T 1357—2008　通用机械和重型机械用圆柱齿轮　模数

GB/T 2821—2003　齿轮几何要素代号

GB/T 3374. 1—2010　齿轮　术语和定义　第1部分：几何学定义

GB/T 6443—1986　渐开线圆柱齿轮图样上应注明的尺寸数据

GB/T 12371—1990　锥齿轮　图样上应注明的尺寸数据

GB/T 12760—2018　圆柱蜗杆、蜗轮图样上应注明的尺寸数据

GB/T 10095. 1—2022　圆柱齿轮　ISO 齿面公差分级制　第1部分：齿面偏差的定义和允许值

GB/T 10095. 2—2008　圆柱齿轮　精度制　第2部分：径

向综合偏差与径向跳动的定义和允许值

五、教学建议

1. 由上述“标准化状况”可见，在本章教学中被直接引以为据的国家标准较多，此外还有很多在读、绘常用件图样时要用到的标准。在备课时，教师不仅要熟悉和理解书中被引用标准的全文，还应拓宽视野，学习和了解更多的相关标准。

2. 要善于做好全章教学内容的归纳、总结，教学中突出“表示法”这一重点。总结要做到提纲挈领、统揽全局、概念准确、脉络清晰。本章的基本内容可归纳为3个方面：

——机械常识

——常用件表示法

——常用结构要素表示法

其中，常用件表示法和常用结构要素表示法具体包含的内容如图7－1所示。

对于图7－1中列出的体系，需要说明以下几点：

(1) 机械常识方面的内容主要是指各节介绍画法规定前的概念性综述，一般含常用件（或结构要素）的分类、用途及其几何要素（如顶径、底径、分度圆、压力角等）的介绍。每一种常用件（或结构要素）在本章内容体系中的地位及其相互间的关系如图7－1所示，教师可考虑在导入本章的讲授时按图示体系略做介绍。

(2) 体系表的左端反映了图样的特殊表示法规定是从画法和注法2个方面进行标准化处理的。

(3) 将“常用结构要素”与“常用件”并列为两大类标准化对象的理由是显而易见的。因为螺纹、中心孔等是结构要素，并不是零、部件；紧固件、齿轮、弹簧、滚动轴承等是零、部件而并不是结构要素。尽管常用件表示法要涉及结构要素表示法，但常用件表示法不完全是所含的结构要素的表示法。

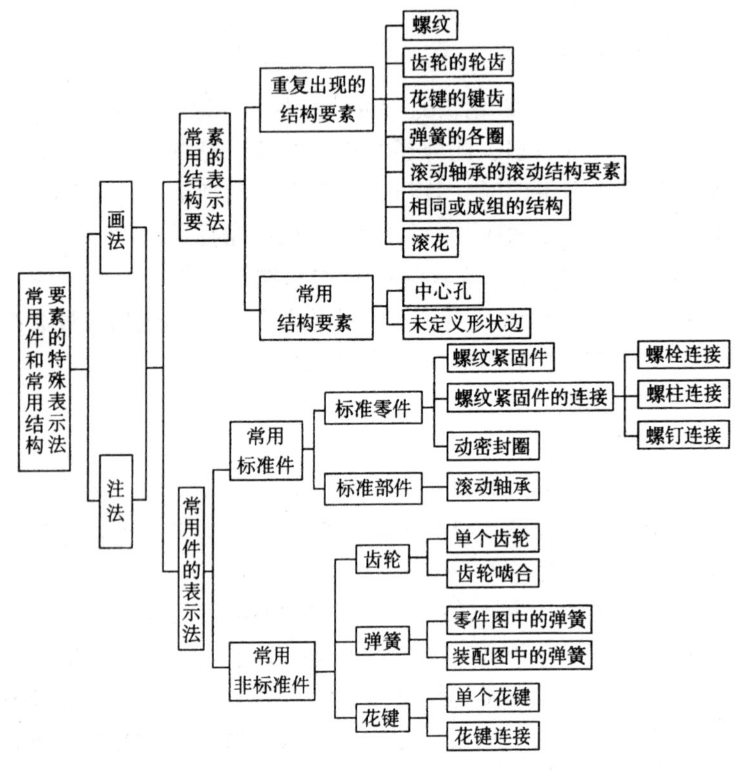

图 7－1　常用件和常用结构要素的特殊表示法体系

（4）机件的结构要素从表示法的角度看，可归纳为以下 3 种情况：

其一，多次重复出现的结构要素，如螺纹、轮齿、键齿、滚花、相同或成组的结构等。

其二，重复出现的次数较少，但频繁地被使用的常用结构要素，如中心孔和未定义形状边。

其三，尺寸系列已规范化的典型结构要素，如 T 形槽、轴衬等。这些结构要素一般均按真实投影绘制。

(5）图 7－1 中提到的“未定义形状边”的表示法是由 GB/T 19096—2003 规定的。这是填补空白、等同采用 ISO 标准的新标准。标准名称是《技术制图　图样画法　未定义形状边的术语和注法》。这里所称的“边”是指 2 个表面的交线。表面可分内、外、平、曲。边可分外部边和内部边（图 7－2）。边可外凸或内凹，形状多变。当对边的形状要求尚未图示确定（即“未定义形状边”）时，可按本标准给定要求，具体的注法规定可查阅 GB/T 19096。

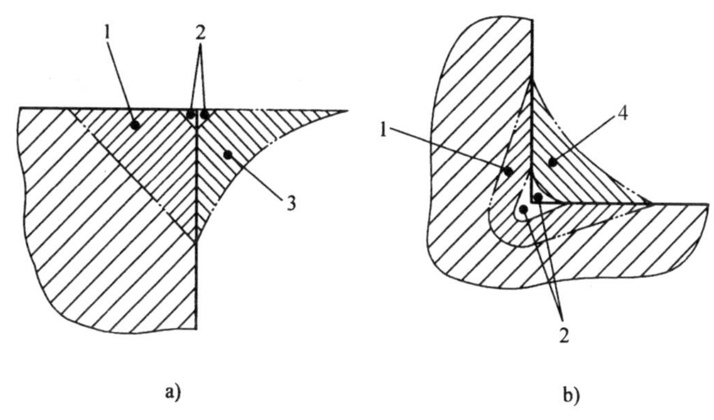

图 7－2　边的状态

a）外部边的状态　b）内部边的状态

1—侧凹的尺寸　2—锐边的尺寸　3—毛刺的尺寸　4—过渡状态的尺寸

3．机械常识方面的内容是讲述画法、标注规定的必要铺垫。讲述时可展示实物，应简要介绍，切忌过深、过多地展开，避免过多地挤占画法、标注内容的讲授时间。此外，遇有专业性较强的知识也要以“够用”为度，不要喧宾夺主，冲淡了教学重点内容——表示法。

4．要把握好本章的教学重点。现以齿轮为例来分析其画法特点。齿轮的轮缘有许多轮齿，为方便设计计算和加工，轮齿部分的各几何参数已标准化。因此，齿轮的轮齿属于多次重复出现的标准结构要素。如果齿轮的轮齿按真实投影绘图，则十分烦琐。于是，GB/T 4459.2—2003 规定，在投影为圆的视图中，可按尺寸和比例用 3 个圆简化地表示轮齿部分。而轮辐、轮毂部分形状的表示，则可采用第五章的基本表示法，按投影绘制，无须再在本章赘述。所以，齿轮画法的教学重点是简化表示轮齿这一结构要素的特殊表示法。同样道理，紧固件画法的教学重点是螺纹这一结构要素的特殊表示法。

综上所述，本章的教学重点首先应是常用结构要素的表示法；其次是包含了常用结构要素的常用件（如紧固件、齿轮）的表示法；至于机械常识只要求一般了解即可。

以上是从本章基本内容的特点来分析教学重点。再从本章所介绍的常用件及常用结构要素应用的广泛性来看，本章的教学重点首先应是“螺纹及螺纹紧固件表示法”，其次是“齿轮画法”。

5. 由于螺纹连接在各行各业中应用极为广泛，因此“螺纹及螺纹紧固件表示法”是本章最为重要的一节。教师在备课中应对本节的根本依据——GB/T 4459.1 有全面而深刻的理解，并厘清本节内容的结构体系。新课内容结束后应做好本节内容的小结。本节内容的结构体系如图 7－3 所示。

6. 本章教学中，需较多地查用有关标准。将查表的方法传授给学生是培养他们的查表能力。它不同于知识要点的传授，一般只需在作业提示和答疑中简要说明即可，不必在授课时多费时间。

7. 紧固件的标记方法有专项标准（GB/T 1237—2000）加以规定。在机械产品图样及设计文件中，并不需要注写完全符合 GB/T 1237 规定的紧固件标记。在装配图的明细栏乃至标准件汇总表中填写标准件时，也只是拆、调、选用紧固件标记中

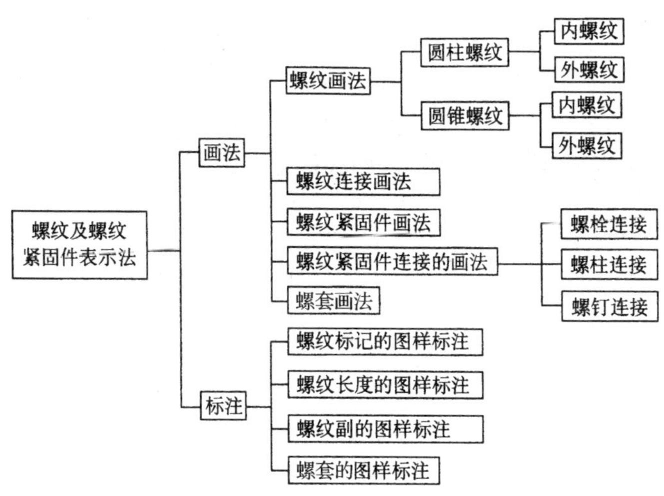

图 7－3　螺纹及螺纹紧固件表示法结构体系

的部分代号。因此，从本课程培养学生读、绘机械图样能力的教学目的来看，紧固件标记方法作为自学内容即可，没有必要详细讲授，更不宜列入复习命题的范围。倘若要求学生死记硬背，就更加不妥了。

8. 螺纹的标记与紧固件标记不同，如果相关课程（如极限配合与测量技术基础或工艺课等）中没有详细讲述，制图课程中就有必要将螺纹标记的规定列为一个知识要点。因为螺纹的标记是螺纹设计、加工和检验要求的信息载体，是否理解标记中各代号的含义和掌握其标注规定，是识读图样的重要内容。因此，对常用螺纹（如特征代号为 M、Tr、B、G、R_1、R_2、Rc、Rp 的螺纹）的标记必须重点讲解，从组成标记各代号的含义及标记规定的规律性方面加以强调。

9. 螺纹标记规定由螺纹标准体系中的标准加以规定，如《普通螺纹　公差》（GB/T 197—2018）。这类标准不属于制图标准，一般可称为制图相关标准。但是，螺纹标记如何标注到图样中去（即螺纹标记的图样标注），则是由制图标准 GB/T 4459.1 加以规定的，也是本节的讲解要点之一。GB/T 4459.1 中提到的米制锥螺纹很少被采用，故可略去不讲。这样，可按图 7－4 所示讲解螺纹标记的图样标注规定。

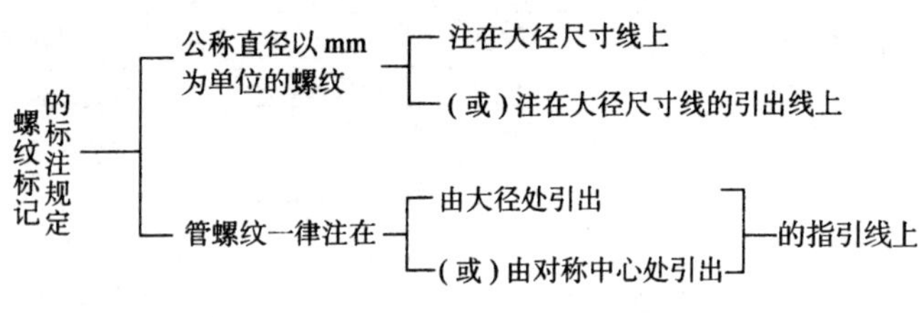

图 7－4　螺纹标记的图样标注规定

六、基本概念释疑及教学误区辨析

1. 关于章名的释义

许多传统教材将本章命名为“常用件与标准件”，本教材则用“机械图样的特殊表示法”。其内涵可从以下 4 个方面分析。

（1）本章传统章名以“件”字结尾，其含义究竟是讲述常用件和标准件的设计，还是讲述制造？或是讲述画法？其意义含混不清。新章名尾加“表示法”字样明确了本章基本内容的主题，具有画龙点睛的作用。因为“表示法”这一术语所含的 3 个方面内涵（投影法、画法、注法）正是本章讲述常用件时要涉及的 3 个关键词，所以用“表示法”结尾恰到好处。而且，“特殊表示法”又恰好与上一章的章名——“基本表示法”遥相呼应。

（2）正如前面所述，本章介绍的结构要素的画法并不符合正投影法，而是用简化画法（如用 3 个圆表示齿轮的轮齿）或符号（如中心孔表示法）来表示的，故称为特殊表示法。

（3）“标准件”是规范化的专用术语。按 JB/T 5054.1—2000 规定，它是指具有标准编号的零部件。例如，具有标准编号 GB/T 5782—2016 的六角头螺栓属于标准件。“常用件”一词不是规范化术语，而是俗称。另外，一般制图教学中只涉及几种常用的标准件。从含义上讲，“常用件”一词包含着“常用标准件”。因此，将“标准件”与“常用件”并列在一起作为章名是极为不妥的。

由此可见，本章定名为“机械图样的特殊表示法”是比较恰当的。

（4）“键”和“销”是 2 种常用标准件。因其结构十分简单，它们的表示只需按真实投影绘制，无须专门讲授。之所以列入本章，主要是因为零件图上的键槽、销孔结构及装配图中的键连接、销连接十分常用。

2. 关于螺纹的分类

制图及其他有关课程都要讲到螺纹的分类问题。螺纹可从各种不同的角度分类。例如，螺纹可按用途、标准化程度、牙型、单位制、牙型角、外形、螺距、配合种类、公差体系等进行分类。其中，按用途的分类使用最广。螺纹按用途可分为 4 大类：

（1）紧固连接用螺纹，简称紧固螺纹。

（2）传动用螺纹，简称传动螺纹。

（3）管用螺纹，简称管螺纹。

（4）专门用途螺纹，简称专用螺纹。

表 7-1 中给出了 7 种常用的标准螺纹。表 7-1 中，序号 1、2 为紧固螺纹（此外还有过渡配合螺纹、过盈配合螺纹等）；序号 3、4 为传动螺纹；序号 5～7 为管螺纹。专用螺纹（如气瓶螺纹、灯头螺纹、自攻螺纹、航空螺纹等）因其专业性强，未列入表中。

表 7－1　　常用标准螺纹的标记规定

序号	螺纹类别	标准编号	特征代号	标记示例	螺纹副标记示例	说明
1	普通螺纹	GB/T 197—2018	M	M8 ×1—LH M8 M16 ×Ph6P2—5g6g—L	M20—6H/5g6g	粗牙不注螺距，左旋时末尾加“—LH”； 中等公差精度（如 6H、6g）不注公差带代号； 中等旋合长度不注 N（下同）； 多线时注出 Ph（导程）、P（螺距）
2	小螺纹	GB/T 15054. 2—2018	S	S0. 8—4H5 S1. 2—5h3—LH	S0. 9—4H5/5h3	适用范围为0. 3 ~1. 4 mm，标记中末位的 5 和 3 为顶径公差等级。顶径公差带位置只有 1 种，故只注等级，不注位置
3	梯形螺纹	GB/T 5796. 4—2005	Tr	Tr40 ×7—7H Tr40 ×14（P7）LH—7e	Tr36 ×6—7H/7c	公称直径一律用外螺纹的大径表示；仅需给出中径公差带代号；无短旋合长度

续表

序号	螺纹类别		标准编号	特征代号	标记示例	螺纹副标记示例	说明
4	锯齿形螺纹		GB/T 13576.4—2008	B	B40×7—7a B40×14（P7）LH—8c—L	B40×7—7A/7c	标记格式同梯形螺纹
5	60°密封管螺纹	圆锥管螺纹（内、外）	GB/T 12716—2011	NPT	NPT6		左旋时尾加“—LH”
		圆柱内螺纹		NPSC	NPSC3/4		
6	55°非密封管螺纹		GB/T 7307—2001	G	$G1\frac{1}{2}A$ $G\frac{1}{2}$—LH	$G1\frac{1}{2}A$	外螺纹需注出公差等级 A 或 B；内螺纹公差等级只有 1 种，故不注；表示螺纹副时，仅需标注外螺纹的标记
7	55°密封管螺纹	圆锥外螺纹	GB/T 7306.1—2000	R_1	$R_1 3$	$Rp/R_1 3$	内、外螺纹均只有 1 种公差带，故不注；表示螺纹副时，尺寸代号只注写 1 次
		圆柱内螺纹		Rp	Rp1/2		
		圆锥外螺纹	GB/T 7306.2—2000	R_2	$R_2 3/4$	$Rc/R_2 3/4$	
		圆锥内螺纹		Rc	$Rc1\frac{1}{2}$—LH		

3. 普通螺纹标记规定的说明

普通螺纹是应用最广的1种紧固螺纹。我国的第一部国家标准《普通螺纹》发布于1963年，经过1981年、2003年和2018年3次修订，现行国家标准是2018版（第四部）。GB/T 197—2018对普通螺纹的标记规定如下：

（1）普通螺纹的完整标记由5个部分组成，即：螺纹特征代号、尺寸代号、公差带代号、旋合长度代号和旋向代号（图7－5）。

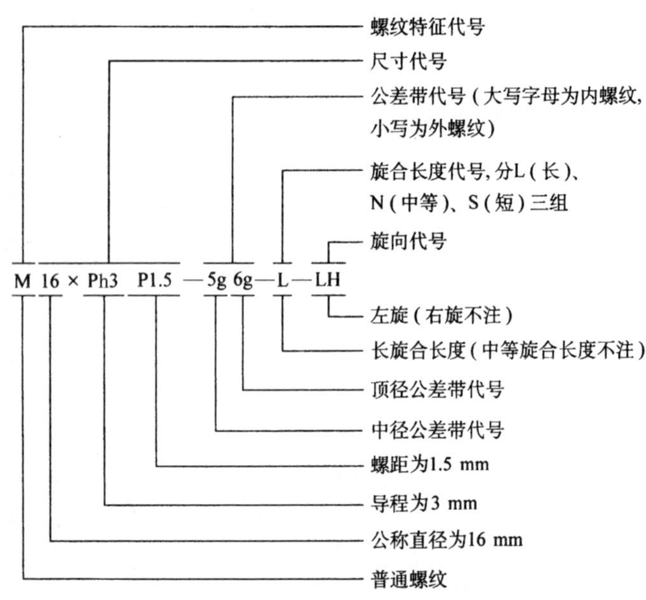

图7－5　普通螺纹标记示例

需要注意的是，螺纹标记的上述结构专指普通螺纹。各种螺纹的标记结构各有其规定，并无统一体例。这是由于我国螺纹标准的采标渠道（国际标准、美国标准等）多元化，加之发布于不同年代等诸多因素造成的。

（2）普通螺纹标记可在以下情况下进行简化：

1）单线螺纹的尺寸代号为“公称直径×螺距”，此时不必注写“Ph”和“P”字样；当为粗牙螺纹时不注螺距。

2）中径与顶径公差带代号相同时，只注写 1 个公差带代号。

3）最常用的中等公差精度螺纹（公称直径≤1.4 mm 的 5H、6h 和公称直径≥1.6 mm 的 6H 和 6g）不标注公差带代号。

以上 3 点简化标记规定同样适用于螺纹副标记（即标注在装配图中的螺纹配合代号）。

其中，第三点简化规定虽然较长，但是不难记忆。因为，在通常情况下使用一般紧固连接的场合居多，此时选用允许不注的中等公差精度（6H/6g）即可。另外，除钟表行业外，其他行业极少采用公称直径≤1.4 mm 的螺纹。可见，绝大多数场合符合不标注公差带的条件。

假定图 7－5 所示规格的螺纹属中等旋合长度，且是常见的单线、粗牙、中等公差精度（6g）的右旋螺纹时，即可简化标记为“M16”，标记中的其他字母、数字一概不必注写。但必须明确：当普通螺纹的标记简化到只剩下特征代号 M 和公称直径数值（如 M10）时，该螺纹的各种要素及其公差仍是唯一确定的。

（3）旋向（左旋）代号的注写规定。1981 版标准规定，当左旋时需在螺距之后注写“左”字。为与其他螺纹标记统一，1995 版的画法标准（GB/T 4459.1）中将“左”字改为“LH”，但仍注写在螺距之后（如 M10×1.25LH）。2003 版标准（GB/T 197）才将旋向代号改为注写在标记最后，并用横线与前面部分相隔（图 7－5），现行标准仍在沿用。

4. 梯形螺纹与普通螺纹标记的异同

梯形螺纹是传动螺纹中较常用的 1 种。梯形螺纹标准已由 2005 版更新为 2022 版（GB/T 5796.4）。新、旧版本的标记规定不尽相同。现按新版本的规定给出图 7－6 所示标记示例，并将其与普通螺纹的标记规定加以比较。

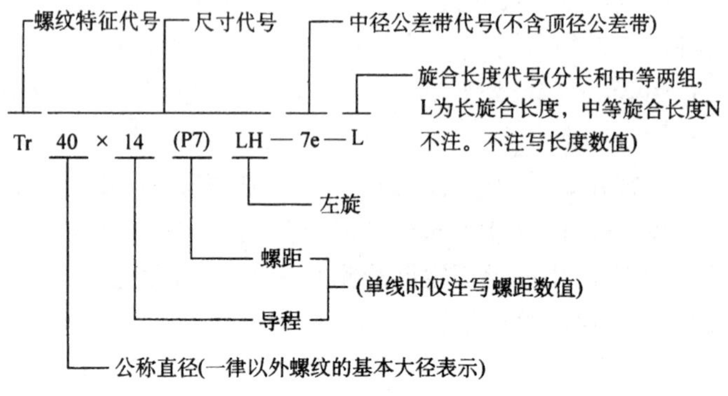

图 7－6 梯形螺纹的标记示例

（1）2 种螺纹标记的结构相似。由图 7－5 和图 7－6 可见，2 种标记的第一段（写在前面的字母除外）都称为“尺寸代号”。

2 种螺纹在标记结构上的不同点是：梯形螺纹将旋向（左旋）代号“LH”仍置于螺距之后，且前方无横线；而普通螺纹带有横线的旋向代号“—LH”已移至标记的最后。

（2）两者表示多线螺纹的方式不同。可按图 7－5 和图 7－6 自行比较两者的不同点。

还要注意的一点是，在标记中，普通螺纹为粗牙时不注螺距，而梯形螺纹必须注出螺距。

（3）普通螺纹的公称直径是指内、外螺纹大径的基本尺寸（即基本大径），而梯形螺纹的公称直径仅指外螺纹的基本大径。也就是说，在梯形螺纹内螺纹的标记中，其公称直径并不是指内螺纹本身的基本大径，而是指与该内螺纹相旋合的外螺纹的基本大径。

（4）普通螺纹的公差带代号表示中径和顶径的公差带代号，而梯形螺纹的公差带代号只指中径的公差带代号。

（5）普通螺纹有 3 组旋合长度，梯形螺纹只分 2 组旋合长度，即只有长旋合长度（L）、中等旋合长度（N），而无短旋合长度（S）。两者均可省略不注中等旋合长度（N）。

5. 对各种螺纹标记规定的几点补充说明

（1）位于各种螺纹标记前面的字母（一个或几个字母和下角标）代表螺纹的种类，一律称为“螺纹特征代号”，不得称为“螺纹代号”“牙型代号”等。

（2）在各种螺纹标记中，紧随螺纹特征代号之后的数字（或数值）分为以下 2 种情况：

——表 7－1 中，序号 1～4 的螺纹是米制螺纹。标记中，紧随特征代号后的数值是螺纹的公称直径，单位为 mm。公称直径一般指螺纹大径的基本尺寸，在现行普通螺纹标准中，这一直径又称为基本大径。

——表 7－1 中，序号 5～7 的螺纹来源于英制、美制，被采用制定为我国标准螺纹时已米制化。在这类螺纹的标记中，紧随特征代号后的数字是定性（不是定量）地表征螺纹大小的尺寸代号。在向米制转化时，这些已为人们熟悉的简单数（如 3/4、1/2）被保留了下来，但是去掉了表示英寸的两撇（如 3/4″→3/4）后，并未将其数值换算成毫米，因此不带两撇的这些数字是没有单位的，不得称为“公称直径”。

（3）如上所述，表 7－1 中序号 5～7 的管螺纹中的尺寸代号只有无单位的数字代号；但在普通螺纹中，完整的尺寸代号包括公称直径、导程和螺距等项内容，当需要表明螺纹线数时，还包括线数的说明（如 M16×Ph3P1.5）。

由上可见，无论是米制的普通螺纹、梯形螺纹还是米制化的管螺纹，尽管统一启用了“尺寸代号”的术语，但它们的内涵却迥然不同。

（4）我国管螺纹标准是由英制螺纹转化制定的，于 1987 年首次发布。在此之前，管螺纹的标记几经变动，未能很好地统一。例如，现行特征代号为 R_1、R_2 和 Rc 的螺纹，曾先后以

KG、ZG 为代号，现行特征代号为 NPT 的螺纹（来源于美国标准）则曾先后以“布锥管牙”、K 和 Z 为代号。目前，我国的管螺纹标准及其标记规定已自成体系，不应再使用旧的标记。

（5）当螺纹（不论螺纹的种类）旋向为左旋时均应注写旋向代号 LH；标记中无代号 LH 的螺纹，均应理解为右旋。但是，代号 LH 在标记中的注写位置仍未统一。

6. 图样上标注的螺纹长度的含义

螺纹标注包括螺纹标记的标注和螺纹副标记的标注。此外，还有螺纹长度的标注。图样上标注的螺纹长度是指什么长度？GB 4459. 1—1984 中规定：“图样中所标注的螺纹长度，均指不包括螺尾在内的完整螺纹长度。”GB/T 4459. 1—1995 则将这条规定中的“完整螺纹长度”改称为“有效螺纹长度”。2 种螺纹长度的含义是不同的，其区别如图 7－7 所示。由图中可知，有效螺纹长度比完整螺纹长度多了一段不完整螺纹长度的部分。不完整螺纹是指牙底完整、牙顶不完整的部分，这部分长度对圆柱螺纹来说是不存在的。换言之，在圆柱螺纹中，有效螺纹长度等于完整螺纹长度。

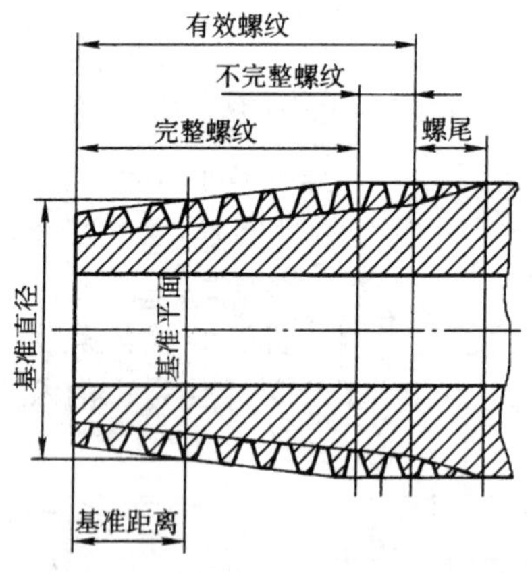

图 7－7 “完整螺纹”与“有效螺纹”

第八章　零　件　图

一、本章的地位和特点

1. 本章是应用教学阶段的开篇单元

培养学生具有一定的识读、绘制零件图和装配图的能力是本课程教学的根本任务。本章之前的各章都属于基础教学阶段，是为完成这个根本任务做铺垫的。自本章起的各章都属于应用教学阶段。本章位于应用阶段之首，在综合应用前面各章基础知识的同时，集中讲述了读、绘零件图的基本知识及基本方法。

2. 本章是应用教学阶段的核心单元

在应用教学阶段，各章讲述了多种技术图样的识读与绘制，但重点是读、绘零件图和装配图。在这 2 种机械图样中，零件图是基础，这不仅因为装配图中要反映组成装配体的各个零件，更是因为零件图更多地综合运用了制图标准规定的各种表示法，具体地反映了零件的形状、尺寸和技术要求等各种信息，集合着加工生产的指令。因此，专门讲述零件图的本章应视为应用教学阶段的核心单元。而且，本章的教学效果将在很大程度上综合反映本课程的教学成效，也直接影响着学生专业能力的培养效果。

3. 本章是多种学科知识的结合点

零件图是表达零件设计意图的信息载体，是零件加工及检验的依据。因此，在本章的教学中将较多地涉及工艺学、互换性与测量技术等其他学科的新知识点。这些知识点融于全章，频现于零件图上，将给教与学增添一定的难度。

4. 本章是必备的专业基础内容

零件图是制造和检验零件的主要依据。对于中职学生而言，具备绘制和识读零件图能力，是从事本专业（职业）工作必备的职业能力要求和基础。因此，教学中要紧密结合专业和生产实践，熟练读、绘各种典型零件图。

二、教学目的和要求

1. 熟悉零件图的内容和作用。

2. 了解各类典型零件的结构特点和表达特点。

3. 了解零件上常见工艺结构的用途。

4. 理解极限与配合、几何公差和表面结构等技术要求的基本概念，了解其符号和代号的含义，掌握其标注方法的规定。

5. 初步掌握按 4 个方面——完整性、正确性、清晰性和合理性的基本要求标注零件图中尺寸的方法。

6. 能综合运用投影法原理和图样表示法规定，识读中等复杂程度的零件图。

三、教学重点和难点

1. 重点

（1）能读懂各类典型零件的零件图。

（2）掌握零件的表达方法，绘制零件图。

2. 难点

（1）零件表达方案的优化选择。

（2）能正确理解零件图上给出的技术要求及所有图线、符号和文字传递的各种信息。

（3）合理标注尺寸和给出零件图上的技术要求。

四、标准化状况

零件图上承载着该零件设计、使用、加工和检验要求的各种信息。这些信息在图样中的表示都必须贯彻各种相应标准的规定。因此，与零件图有关的标准是不胜枚举的。除了要综合运用前述各章中提及的制图基本规定（含图幅、比例、字体和图线）、投影法、图样的基本表示法和特殊表示法规定方面的标准外，零件图还应用了几何精度方面的标准。本章对这方面标准及其应用着重进行了介绍。现行的这类标准的名称中，其引导要素①均称为“产品几何技术规范”（geometrical product specification，GPS）。本章主要依据的GPS标准如下：

GB/T 1800.1—2020　产品几何技术规范（GPS）　极限与配合　第1部分：公差、偏差和配合的基础

GB/T 1800.2—2020　产品几何技术规范（GPS）　极限与配合　第2部分：标准公差等级和孔、轴极限偏差表

GB/T 1182—2018　产品几何技术规范（GPS）　几何公差　形状、方向、位置和跳动公差标注

GB/T 131—2006　产品几何技术规范（GPS）　技术产品文件中表面结构的表示法

需要特别注意的是，上述标准中GB/T 131—2006是GPS标准体系中等同采用国际标准的一项新标准，用以代替实施了多年的《机械制图　表面粗糙度符号、代号及其注法》（GB/T 131—1993）。新、旧标准从理论基础、基本概念到注法规定都有相当大的差异。新标准发布后，设计绘图和制图等课程的教学中，有关表面粗糙度方面的规定均应贯彻表面结构新标准。本教材是依据GB/T 131—2006编写这方面教学内容的。

另外，GB/T 1800和GB/T 1182的新、旧版本有较大差

① 标准名称一般由3部分的要素组成，依次称为引导要素、主体要素和补充要素。例如，“GB/T 17451—1998　技术制图　图样画法　视图”中的“技术制图”即为引导要素。

异，本教材中的极限配合和几何公差部分都是依据现行标准编写的。

五、教学建议

1. 教师在本章的导入语中，应首先强调零件图本身的重要性，再强调机械专业学生具备正确识读零件图的能力的必要性。应使学生认识到零件图是指导生产的最直接的依据，如果绘图和读图中稍有差错，加工后轻则影响零件及产品的质量，缩短产品的使用寿命，重则使大批零件报废，造成重大经济损失。因此，具备正确识读和绘制零件图的能力，是步入机械专业的“敲门砖”，是基本功，是“看家本领”。教师可借此调动起学生学习本章的主观能动性。

2. 本章的教学应加强实践性教学环节。在课时的分配上应体现精讲多练，以练为主。对学生的课内外练习要加强辅导。

3. 要充分考虑本课程的专业基础特征。要联系生产实际，组织好本章教学。

建议采取以下措施，切实培养学生读、绘零件图的能力：

(1) 讲解看图方法时，不必完全拘泥于教材中的举例，可适当选一些相关专业学生实训时的生产用图作为看图实例进行讲解。

(2) 尽量组织学生参观生产现场，以增加学生对机械常识、工艺方法和专业知识的感性认识。

(3) 应针对不同专业（职业）生产实际需要，在教学中有所侧重地选用不同的典型零件，善于归纳、总结，把握规律性内容，真正为培养学生从事本专业（职业）工作打好专业基础。

4. 教学中要注重零件形状和结构分析，注重分类归纳，把握不同类型零件的表达方法。

5. 处理好“第八章　零件图”与“第九章　装配图”之间

的内容联系，“零装结合”地进行教学。这可从以下 2 个方面入手：

（1）使零件图的读图举例恰好是读装配图举例中所属的零件，以便必要时互相引用，联系讲解。同时，也需兼顾零件结构和形状的典型性。

（2）在读零件图中想象零件的结构和形状时，仍强调采用读组合体视图时常用的“先主后辅，先易后难，先整体后细节”等行之有效的方法，不强求学生查阅所属装配图去弄懂零件各部分结构与相邻零件的关系和设计初衷；但在讲述零件图中主要尺寸基准的选择时，最好能联系所属装配图进行讲解；在讲到零件上有的结构要素为何标注高精度（尺寸公差、几何公差较高，表面粗糙度值较小）的要求时，可考虑联系所属装配图中与其相邻零件间的配合功能要求予以说明。

6. 应复述并细化标题栏的填写要求。尽管在第一章中已提及，标题栏应位于图纸幅面的何处，标题栏内应包含哪些内容等问题，但由于本章前的板图作业很少，且对图面上应包含的内容不提完整性要求，因此，学生对标题栏的具体要求印象不深。所以，在本章布置零件图作业时，有必要复述并细化对标题栏的格式、方位和填写的要求。复述时，需再强调的几点见第九章（装配图）“教学建议第 8 点”。

7. 技术要求部分应偏重讲解注法规定。对零件的技术要求是多方面的，本章主要指对零件几何精度方面的技术要求，包括极限与配合、几何公差和表面结构。这些都属于互换性与测量技术学科范畴，其特点是理论性强、专业知识要求高。

如果这部分内容不讲概念，则无法说清图样标注规定及其含义；如果多讲、深讲其概念，又不现实。因此，教学中必须把握好深度和重点。其处理原则是：注法为主，概念为辅，现阶段够用为度。也就是说，课时分配上适当偏重讲解标注方法的规定；理论基础部分要紧密结合专业需求，只通俗、简要地介绍必不可少的基本概念；术语、项目、符号、代号以及注法中只讲我国现阶段常用的部分。尤其对表面结构部分的讲解更应采用这一原则处理。

8. 鉴于我国目前在几何精度方面的标准正处于新、旧国家标准过渡期（如极限配合 GB/T 1800. 1—2020、几何公差 GB/T 1182—2018、表面结构 GB/T 131—2006），有些企业生产中仍在沿用旧图样或旧国家标准。因此，教学中在贯彻新国家标准的基础上，也要简明扼要地指出新、旧国家标准在标注方面的差异，使学生了解常见旧国家标准中的注法，以确保学生适应企业的实际需要。

比如《产品几何技术规范（GPS） 线性尺寸公差 ISO 代号体系 第 1 部分：公差、偏差和配合的基础》（GB/T 1800. 1—2020），整合了 GB/T 1800. 1—2009 和 GB/T 1801—2009，以 GB/T 1180. 1—2009 为主，新、旧国家标准有以下主要技术变化：

（1）删除了实际（组成）要素、提取组成要素、零线、极限制等术语和定义。

（2）增加了公称组成要素、实际尺寸、公差极限、公差带代号等术语和定义。

（3）公差带图表示法中的轮廓线线型有局部变化等。

其他详见相关国家标准。

六、基本概念释疑及教学误区辨析

1. 完全读懂零件图的标志

怎样才算完全读懂了零件图？简而言之，其标志是能对图样上表达的各种信息做出唯一、确切的解释。

具体地说，应对图样上的每一图线、图形、图形符号、数字、字母、符号、代号和标记等能做出唯一、确切的解释。对由这些信息传递的内涵（即形状、大小和技术要求）都能理解；而且，不仅能理解图形中注出的要求，还应能懂得未注出的要求。

事实上，通过制图教学不可能使学生完全达到上述看图要求，但应当将此作为制图教学和后续其他课程教学的努力目标。因为如果达不到看图要求，就意味着看图加工时不能完全理解设计意图，加工出的零件就可能报废。

2. 零件草图不可误认为是潦草的图

初学制图时，学生易错误地把零件草图理解为潦草绘制的图。因此，在教学过程中要注意纠正学生的这种错误认识。教学中可展示一些画得好的零件草图，并多方面地分析和比较草图与正式零件图的异同，要使学生十分明确地认识到，零件草图和零件工作图在内容和技术含量上是等同的。对草图上所包含信息的完整性要求，在它作为绘制零件工作图的依据时是如此，当它应用于零件单件修配代替零件工作图时更是如此。

3. 关于几何精度的分类体系

技术要求是零件图的重要组成部分。技术要求可泛指零件的几何量精度、材料选用及其对材质理化性能参数的限定。本章介绍的技术要求主要指零件的几何精度，所包含的各个方面如图 8－1 所示。

极限与配合通常被称为光滑结合的公差与配合。相应地，专门用于结构要素的公差可视为“非光滑结合”的公差。这是因为这些结构要素不是单一的孔、轴类光滑表面结合，而是多次重复出现的齿和牙的相配或共轭。

4. 对零件几何精度的各种要求应杜绝取值倒挂现象

设计选取的各种几何精度的数值常常同时给出在同一张零件图上。原则上，这些精度要求应根据该零件在所属装配体中的功能要求一一确定其具体数值，但合理地进行零件的精度设计，需要具备一定的生产、设计、实践经验和专业知识，在本课程教学中可不作要求。但是，教师授课和学生练习中应注意避免各种几何精度数值间大小关系倒挂的现象。

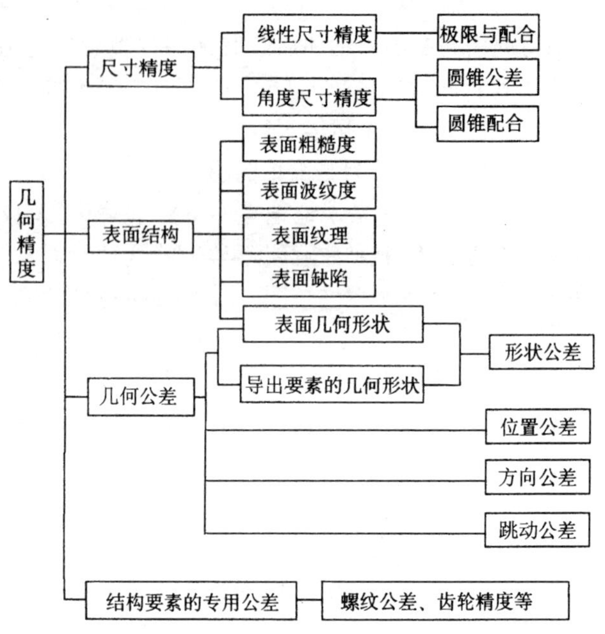

图 8－1　几何精度分类

图 8－2 中的各种几何精度的取值出现了大小关系倒挂的现象。表面粗糙度是表面结构的微观质量指标，图中要求 *Ra* 的上限值为 0.1 mm（即 100 μm），竟然大于同一表面的宏观的形状公差（平面度公差 0.08 mm）。这样取值势必使得 2 项质量指标中的 1 项失去意义。进一步分析可见，上、下表面间的尺寸公差为 0.05 mm，一般情况下，这已可以较好地控制上、下表面间的平行度误差，但图中却给出了 0.06 mm 的平行度公差，大于该处的尺寸公差。这样的平行度公差要求也无实际意义。此外，作为测量上表面平行度误差的基准 *A* 本身的微观和宏观的平面度公差为 0.08 mm，大于平行度公差 0.06 mm，也是不合理的。而且，也不应使方向公差（如平行度公差）小于形状公差（如平面度公差）。

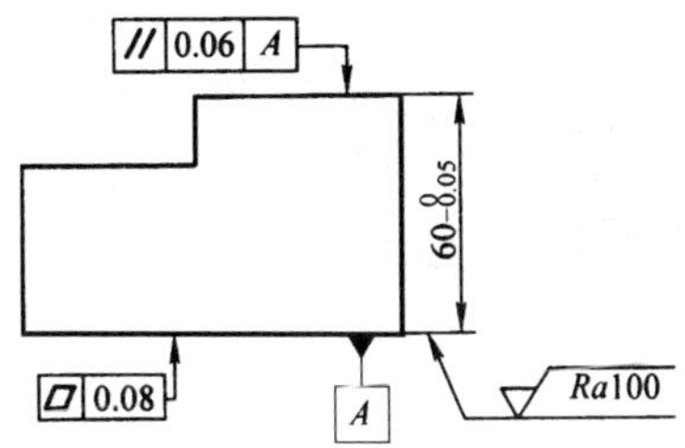

图 8－2　各种几何精度间的取值关系

5．要准确理解“配合”一词的内涵

“配合”是极限与配合标准中一个十分重要的术语。在我国，从《公差与配合》到《极限与配合》国家标准的 3 次修订中，“配合”这个术语是指“基本尺寸相同的、相互结合的孔和轴公差带之间的关系”。第四次（2009 年）修订时，将其中的“基本尺寸”改为“公称尺寸”，其内涵未变。

对于“配合”的这个经典定义，可从以下三个方面理解其内涵：

其一，公称尺寸必须相等。这是构成配合的前提条件之一。当公称尺寸相同的孔与轴相配合时，孔、轴表面的接触处只画 1 条线（图 8－3a）。当孔、轴的公称尺寸不相同时，这种装配关系不应视为配合，孔、轴表面的相邻处需画成双线。例如，图 8－3b 所示小圆中部位，若螺柱为 M10，则光孔需制成 ϕ10.5 mm。此时，孔与螺柱之间不属于配合关系。

其二，2 个零件必须形成包容与被包容的关系。这便是配合定义中所称的“相互结合的孔和轴”的含义。这是构成配合的另一前提条件。图 8－3a 所示，轴被孔所包容，满足了这个条件，图中的尺寸 ϕd 可称为配合尺寸。图 8－3c 所示，2 个零件之间并不存在谁包容谁的关系，因此不应视为配合，尺寸 l 也不能称为配合尺寸。

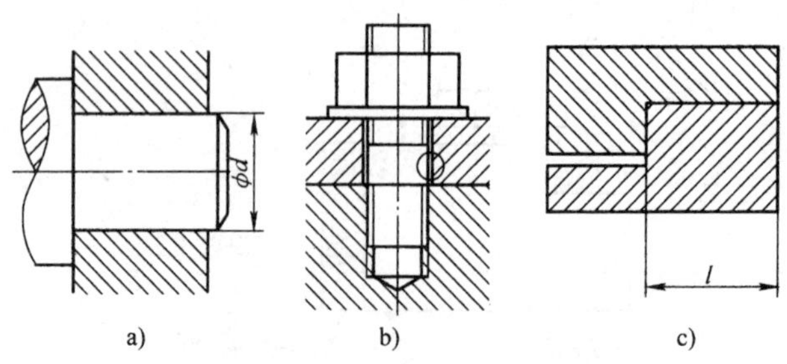

图 8－3　形成配合的条件

a）孔和轴是配合关系　b）孔和螺栓是非配合关系　c）两平面无配合关系

其三，配合是指相配的孔和轴之间的松紧关系。特定的松紧程度完全取决于孔和轴的公差带。这便是配合定义所指的“公差带之间的关系”的含义。

理解配合的定义时还必须注意以下 3 点：

（1）相邻 2 个零件的表面是否接触不是形成配合的前提。例如，图 8－3c 所示孔、轴 2 个表面虽已接触，但未形成配合。

（2）形成配合的 2 个前提条件必须同时具备，不可偏废其一。例如，图 8－3b 所示小圆所指部位虽然形成了包容与被包容的关系，但是公称尺寸不等，故不应视为配合关系。同样，图 8－3c 所示的尺寸 l 也只具备 1 个条件，即尺寸 l 可视为 2 个零件在该处具有同一公称尺寸，但该处未形成包容关系，缺失了 1 个条件，故也不构成配合关系。

（3）凡属配合处均画单线，即便是大间隙配合（如 ϕ20H12/b12）也是如此。这是因为图样中的图形都是按公称尺寸画出的，无论多大间隙的配合处，孔和轴的公称尺寸都是相同的（不相同则不符合配合定义），因此，邻接的孔、轴表面处只能画成单线。

6. 关于线性尺寸公差的给出方式

在图样上，给出线性尺寸公差的要求时，可视需要选用以下 7 种给出方式：

（1）标注极限偏差。示例：$24^{+0.020}_{+0.016}$，这种给出方式常应用于下列场合：

1）单件、小批量生产。因批量小，为降低生产成本，不考虑制备专用的定值刀具、量具进行加工及测量，而是用一般的工艺方法加工，并用可读出具体数值的通用量具测量。因此，操作者和检验人员需要具体了解尺寸允许变动的范围。

2）根据功能需要经计算确定的公差带。有时公差和极限偏差均为非标准数值，无法注写其公差带代号。

（2）标注公差带代号。示例：ϕ12H7，这种标注形式较为常见，一般见于成批生产的图样中。因批量大，生产中一般制备定值的刀具、量具，操作者只需按公差带代号借用刀具、量具进行加工及测量，即只需定性地了解该公差等级的加工难易程度，并不需要了解实际尺寸及其允许变动的范围。

（3）同时标注公差带代号和极限偏差。示例：ϕ65K6$\left(^{+0.021}_{+0.002}\right)$，当生产批量不定时，图样上的线性尺寸公差宜同时注写公差带代号和极限偏差值。

（4）标注单向极限尺寸要求。图 8 - 4 中的尺寸 R2max 既是公称尺寸又是上极限尺寸。图中没有限制尺寸向小的方向变化的范围，只提出单向的极限尺寸要求。

（5）标注单向极限要求。对图 8 - 5 中标注含义的理解，要注意以下几点：

1）图 8 - 5 是按 GB/T 16675. 2—2012 的规定标注的，它与 GB 4458. 4—1984 所标注的“4 - ϕ9 锪平 ϕ18”是等效的。

2）当有定量的锪孔深度要求（如深度为 5 mm）时，应标注为“4 × ϕ9 ⌴ ϕ18 ↧ 5”。没有定量的深度要求（图 8 - 5）时可视为“锪平”。这是沉孔的一个特例。

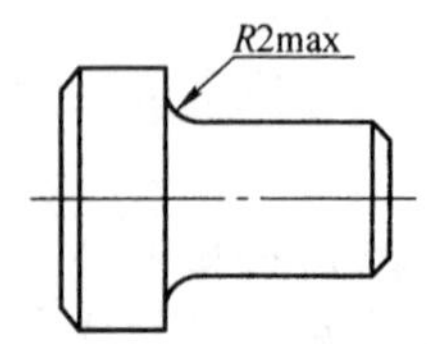

图 8－4　单向极限尺寸的标注

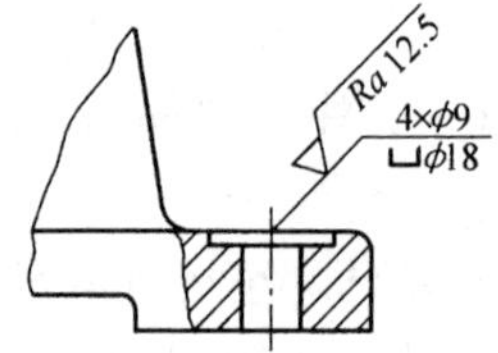

图 8－5　单向极限要求的标注

3）图示的锪孔要求是：至少要锪平（如锪去铸造的毛面）；对“至多”未提要求，因此是 1 种单向的要求。“至少”，这个单向极限要求没有量化，只是定性地要求锪平，即去除毛面。因此，不能称为“单向极限尺寸要求”，而要去掉“尺寸”二字，称为“单向极限要求”。

4）当工件刚锪去毛面时，即可认为已达“至少锪平”的要求。对完工零件的这种要求是较低的要求，也是较低操作技术和一般工艺条件应能保证的要求，一般不会产生操作者与检验人员因深度合格与否的争议。如果不能避免这种争议的发生，或锪孔深度过深有损于零件功能时，则应给定沉孔的深度尺寸。

5）图中标出的 *Ra* 的上限值 12.5 μm 是对沉孔部分 2 个圆柱面和 1 个台阶面的共同要求。

（6）标注双向极限尺寸要求。这是指同时注出上极限尺寸和下极限尺寸的方法。例如，在台虎钳装配图上注出钳口张开范围的性能尺寸“0～125”便属于这类注法。它表示被夹持工件的最小到最大的厚度范围。

（7）未注公差的给出方式。未注公差又称“一般公差”，详见后述“8. 关于线性和角度尺寸的一般公差中若干概念的说明”。

7. 关于极限数值小数点后右端数位上零的注写问题

先看图 8－6a、b 所示 2 组标注示例，这是按 GB/T 4458.5—2003 的规定分辨出的“正”和“误”。欲理解图中的标注规定，需注意以下几点：

	a)	b)	c)
正：	$\phi60^{+0.09}_{+0.06}$	$\phi50^{+0.015}_{-0.010}$	$\phi10^{+0.027}_{0}$
误：	$\phi60^{+0.090}_{+0.060}$	$\phi50^{+0.015}_{-0.01}$	$\phi10^{+0.027}$

图 8－6　极限数值中“0”的注写

（1）极限偏差数值“小数点后右端的‘0’一般不予注出”，这是 GB/T 4458.5 中明确规定的。例如，图 8－6a 所示上、下极限偏差的右端数位均为 0，此时不应注写出此“0”。即便 +0.090 mm和 +0.060 mm是由极限偏差表（GB/T 1800.4）中查得的$^{+90}_{+60}$（μm），当换算成 mm 单位注写时，也不得写出末位的“0”。

（2）只有当为凑齐上、下极限偏差小数点后的位数时才添上末位的“0”，如图 8－6b 所示。这样书写可起到整齐美观、防止误读的效果。

（3）当极限偏差值为 0 时，必须写出此“0”，这是 1979 年开始实行新公差制以来的新规定。即便另一个极限偏差值不是由公差表查取的计算值或经验数据，也应注写零偏差的“0”。这是区分和识别执行新、旧公差制的一个标志（图 8－6c）。

（4）理解上述注写规定时必须明确，图样上给出的具有“极限”含义的数值是设计给定的具有数学意义的精确值。这种精确值的大小与小数点后右端数位的 0 无关，小数点后只需书写到非 0 的有效位数即可，人为地在小数点后的右端添 0 或去 0，其数值大小完全相等。这与对完工零件的测得值进行尾数修约的数据处理时的情况不同。严格来说，图 8－6a 中的 +0.09 是极限偏差，当实际偏差达 +0.091 时，即为不合格，当达 +0.0901，或达 +0.09001 时，也均为不合格。可见，标注在图样上的极限数值，小数点后右端数位的 0 是毫无意义的，在右端加 0，并不会提高精度要求，去掉右端的 0 也不会降低精度要求。

（5）正因为上述原因，为简化起见，GB/T 4458.5 规定了一般不予注写极限偏差值小数点后右端数位的 0。同理，在几何公差的框格中给定的公差值，也应遵循这个规定。推而广之，在机械图样中，一切可测性能参数，只要是设计给定的极限值均应遵循这个规定。

8. 关于线性和角度尺寸的一般公差中若干概念的说明

（1）我国 1959 年发布的《公差与配合》标准将未注出在图形上的公差（即非配合尺寸的公差）称为“自由公差”。1979 年修订标准《公差与配合》时，将“自由公差”改称为“未注公差”。该标准再次修订后（GB/T 1804—1992），这类公差又有了另一个术语——一般公差。

2000 年，该标准又进行了修订。修订后的该标准不仅取代了《一般公差　线性尺寸的未注公差》（GB/T 1804—1992），还囊括并取代了旧标准《未注公差　角度的极限偏差》（GB 11335—1989）。新的标准名称和标准编号为《一般公差　未注公差的线性和角度尺寸的公差》（GB/T 1804—2000）。

（2）我国实行旧公差制时将未注公差称为“自由公差”的提法不仅是不科学的，而且是十分有害的。用于非配合尺寸的“自由公差”其实并不“自由”。我国新、旧公差标准中均对图形中未注出公差的尺寸规定了极限偏差。

因此，应当明确，零件上所有要素均有一定的公差要求，对每个要素的公差要求只有是否注出之分，并无有无要求之别。

（3）一般公差是指在车间通常加工条件下可以保证的公差。采用一般公差的尺寸后不需注出其极限偏差数值。一般公差主要用于低精度的非配合尺寸。在正常的工艺条件下，采用一般公差的尺寸通常可不进行检验。

（4）一般零件图中，有特殊功能要求、必须注出公差的要素是少数；无特殊功能要求而采用一般公差（无须在图形中注出）的要素是大多数。由于大多数要素不注出公差，这样既可节省绘图时间，又可突显注出公差的尺寸，以便引起加工和检验人员的重视。

（5）如果将零件上各要素的线性尺寸和角度尺寸的精度要求大致地划分为高、中、低档，那么在图形上无须注出的一般公差属中等精度要求，注在图形上的公差是比一般公差有更高精度要求的公差，至于比一般公差更大的低精度要求的公差，只有当注出后更经济时才予以注出。

（6）现行的一般公差标准中，不再将尺寸划分为孔、轴和长度 3 类，再确定其基本偏差，而是将图形上未注公差尺寸的线性和角度公差一律视为对称偏差。这样，可免除由于孔、轴、长度 3 类尺寸划分而引起的争议和误判。

（7）通常认为，完工零件的实际尺寸超出设计给定的公差时，均应判为不合格而予以拒收。新标准从可用性的实际出发，明确规定只有当零件功能受到损害时，才拒收超出一般公差的工件。

（8）GB 1804—1979 中将线性尺寸的未注公差规定为 IT18 ~ IT12，共 7 个等级。但是，实际使用较多的等级只有三四个级别。为与国际接轨，GB/T 1804—2000 将线性和角度尺寸的一般公差均分为 4 级，即 f、m、c、v。图样标注形式为GB/T 1804— ×（“×”指 f、m、c、v 4 级中的 1 级），即不再在IT18 ~ IT12 中选用非配合尺寸的公差等级。

以上 8 点说明中除（1）（6）条外，其余 6 条原则上也适用于几何公差。

9. 关于“几何公差”术语

GB/T 1182—2018 中的“几何公差”即旧标准中的“形状位置公差”；同时，为与相关标准的术语取得一致，将旧标准中的“中心要素”改为“导出要素”，“轮廓要素”改为“组成要素”，“测得要素”改为“提取要素”等。

10. 关于几何公差的未注公差分级和图样表示法

旧国家标准（GB 1184—1980）中，将几何公差的未注公差分4个等级：A、B、C、D，新国家标准（GB/T 1184—1996）中已改为3个等级：H、K、L。

几何公差的未注公差的标注形式为GB/T 1184—×（“×”为H、K、L中的1级）。这种标注形式及给出的方式与尺寸公差相同，一般应标注在标题栏附近的“技术要求”中，也可在企业标准和技术文件中统一规定。

11. 几何公差中不再允许的标注方法

为避免误读和引发争议，现行标准中早已取消了1980版标准中的一些标注方法，现列于表8-1中。

表8-1　　不允许采用的几何公差注法

要素特征	不允许采用的注法	正确注法	说明
被测要素	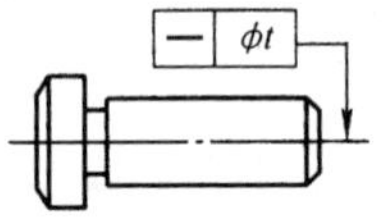 — ϕt	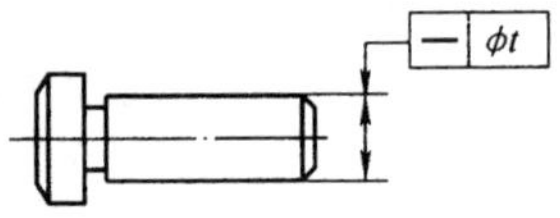 — ϕt	被测要素的箭头必须与尺寸线相连，箭头不得直接指在导出要素上
	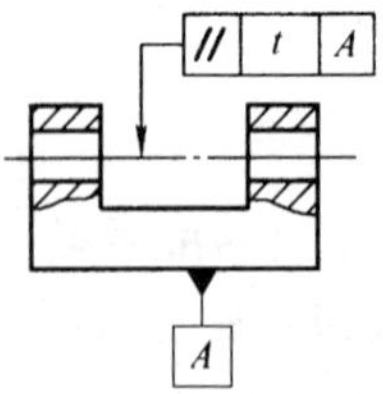 // t A；A	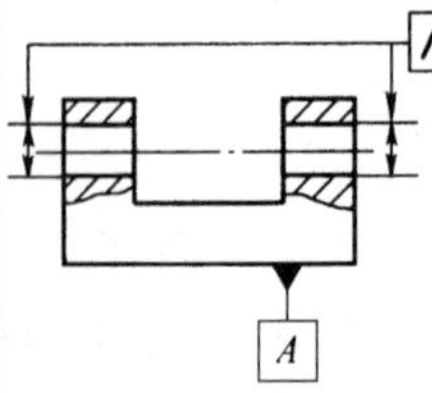 // t A；A	

续表

要素特征	不允许采用的注法	正确注法	说明
基准要素	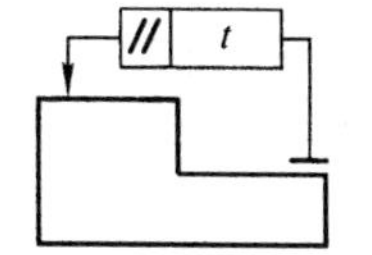	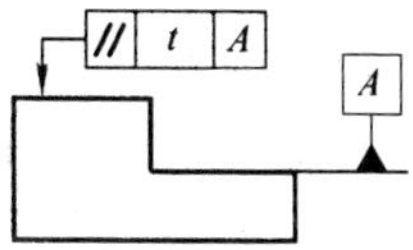	有基准的特征项目，必须在框格中注写基准的字母代号；表示基准的三角形置于要素（轮廓线或面）的轮廓线或其延长线上，以及要素（轴线、中心平面、中心点）的尺寸线的延长线上
	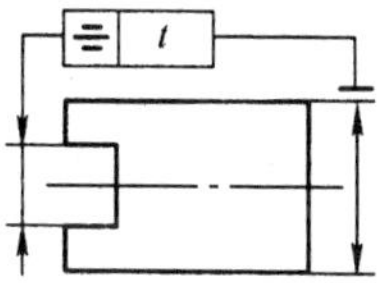	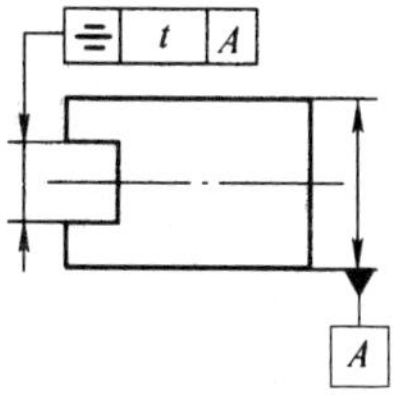	

12. 表面结构表示法的新规定与表面粗糙度注法的旧规定的本质区别

长期以来，对零件表面质量的要求，无论是贯彻 GB 131—1983 还是 GB/T 131—1993，通常只在图样中标注表面粗糙度要求。实际上，为满足表面的各种功能要求，可由多种参数来评定其表面质量；检验结果的准确性也会随着测量段的长短以及传输带的范围而变化。为此，1993 年以后，几乎所有的表征表面质量的表面结构标准都已更新，并引入了全新的概念。

在这套全新的标准中，GB/T 131—2006 提出并建立了 1 个完整、明确和先进的图样标注体系。按照这项新标准的规定，在图样上给定零件表面质量要求时，与旧标准（GB/T 131—1993）相比，有以下两点本质的区别：

一是大幅度地增加了表面结构参数，改变了参数的名称和代号。贯彻旧标准时，通常只给出表面粗糙度高度参数值。在新标准中，不仅规定了轮廓参数的注法，还规定了图形参数和支承率曲线参数的注法。在常用的轮廓参数中，除表面粗糙度参数外，还新增了波纹度参数和原始轮廓参数。这便可根据零件表面的各种功能要求，设计选用不同的特征参数。

二是需同时给出检验的规范要求，以便使检验结果更加准确、可靠。

总之，建立新的标注体系，可以有效地实现功能要求与设计规范和评定方法的有机统一。这是提升零件表面设计质量的必由之路。

鉴于上述原因，为使设计选用的表面结构参数和检验规范要求能反映在图样上，新标准对表面结构的符号、代号及标注方法有了全新的规定。因此，教师看图时务必对每个代号重新进行解释：不仅应能解读注出值的含义，还应能解读未注出的默认值的含义；不仅应能解读对表面结构参数的要求，同时应能解读对检验规范的要求。教材中限于篇幅，仅重点介绍表面粗糙度。

13. 零件表面结构的构成

经过各种不同工艺加工后的零件表面有着从宏观到微观的错综复杂的三维形貌。欲完全客观地提出三维的表面结构要求，并准确地进行测定，是十分困难的。因此，通常是在表面的某截平面截出表面的轮廓曲线，并在其上定义参数，提出要求，进行测量。这样便可将复杂的三维问题简化为二维问题了。

图 8－7 是二维的表面轮廓构成状况分解图，由此不难联想到三维的表面结构形貌。

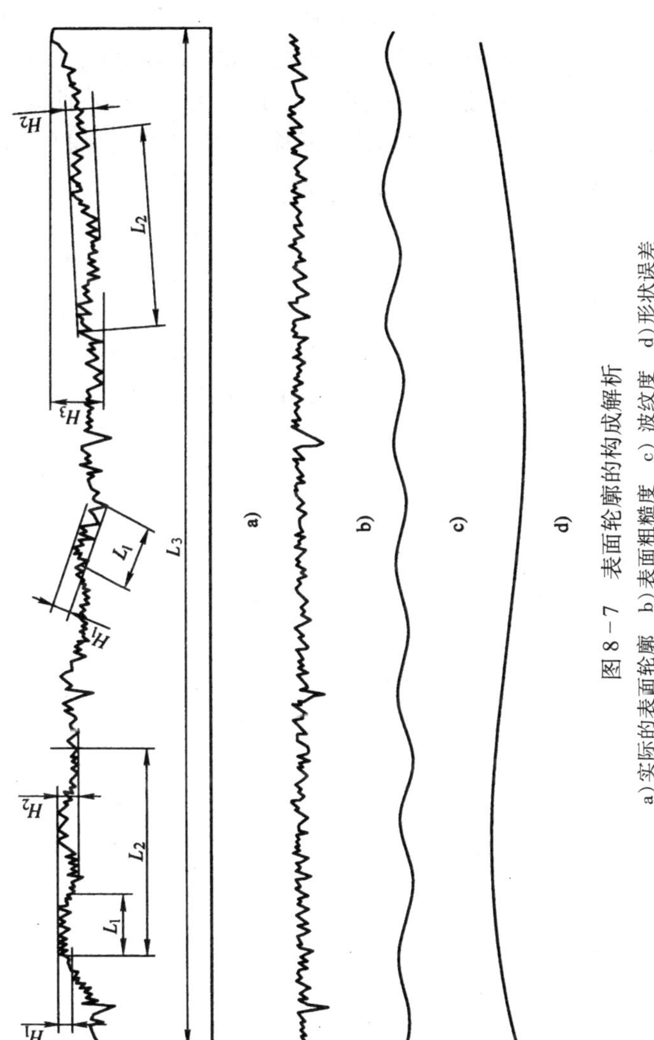

图 8 - 7 表面轮廓的构成解析

a）实际的表面轮廓 b）表面粗糙度 c）波纹度 d）形状误差

图 8－7a 所示为由垂直于表面纹理方向的法平面[①]截出的实际的表面轮廓。如果略去其上的微观不平度成分，便可清晰地凸现出宏观的形状误差（图 8－7d，如直线度误差、平面度误差）。事实上，反映形状误差的轮廓上并非像图 8－7d 所示那样光滑，其上还叠加着周期性较明显的波纹（即波纹度，图 8－7c），且在波纹上又延绵不断地叠加着细小的峰和谷（即表面粗糙度，图 8－7b）。它们兼容并存于一体，复合成实际的表面轮廓（图 8－7a）。

值得一提的是关于“原始轮廓”的概念。在用轮廓参数评定表面结构时，除粗糙度参数和波纹度参数外，还有原始轮廓参数。所谓原始轮廓，是指在由仪器记录表面的轮廓时，滤去了检测中由振动所引起的、细微的短波后的轮廓，其上仍保留了粗糙度、波纹度和形状误差成分。因此，原始轮廓较好地反映了实际表面的原貌。图 8－7a 所示的轮廓曲线也可同时用来表明原始轮廓。

还需注意的是，形状误差这个表面特征（图 8－7d）既属于表面结构，又属于《几何公差》专项标准规范了的特征项目，因此它由几何公差加以控制。

14. 表面结构检验规范中的若干问题释疑

GB/T 131—2006 规定，在图样上标注表面结构参数值的同时，还需给出检验规范要求。这是新、旧标准中注法的本质区别之一。检验规范主要包括对取样长度、评定长度、滤波器、传输带及极限值判断规则的限定。

检验规范的给定方式有 2 种：一是注出数值或代号；二是未注时按相应标准规定的默认值。总之，每一个对表面结构有要求的表面和每一个参数均有其确定的检验规范。为何新标准要规定检验规范，可从以下 3 个方面来理解。

---

① 法平面是指垂直于零件表面的平面。

（1）给定传输带的目的。GB/T 131—2006 中明确指出，零件表面结构的状况可由 3 个参数组加以评定：轮廓参数、图形参数和支承率曲线参数。我国目前最常用的是轮廓参数。

轮廓参数又分为粗糙度轮廓参数、波纹度轮廓参数和原始轮廓参数 3 种。这 3 种特征参数对零件表面功能造成的影响各不相同，故设计者应根据表面功能的要求按需选用。

需要特别注意的是，这 3 种特征参数分别是在相对应的 R 轮廓、W 轮廓和 P 轮廓上定义和测量的。由图 8－7 可见，这 3 种轮廓的波长有着很大的差异。因此，为便于对这些参数分别进行测量，在检验时必须借助滤波器将混杂在一起的这些特征成分按各自的波长范围从实际表面的轮廓中分离出来。这里所指的波长范围即传输带。

传输带可由相应标准定义默认值，当其值另有要求时，应在表面结构代号中注明。例如，某图样的 1 个表面结构代号中注有“0.008－0.8/Ra3.2”，则其中的“0.008－0.8”即为传输带。它表明在检验该表面的粗糙度轮廓（即 R 轮廓）中的高度参数 Ra 时，应先用截止波长 $\lambda s=0.008$ mm 的短波滤波器滤去波长小于 0.008 mm 的波形部分，再用 $\lambda c=0.8$ mm 的长波滤波器滤去波长大于 0.8 mm 的波形成分。经 2 次滤波修正后的轮廓即为满足给定传输带 0.008－0.8（即 $\lambda s-\lambda c$）要求的粗糙度轮廓。

当上例中的 Ra 改为 Wa 时，则其传输带便成为分离出波纹度轮廓而设定的波长范围了。不过，此时波长范围应由另外 2 个较大的截止波长来限定。

可见，传输带是为了规范轮廓的波长范围而设定的。它是分离轮廓的长波、短波成分时选用滤波器的依据。

（2）评定长度与取样长度的关系。由图 8－7 及上述分析可知，在一般加工表面同时并存着表面粗糙度、波纹度和形状误差。在这样的表面轮廓上选取不同的长度段进行测量，将会得出不同的测量结果。如图 8－7a 所示，若分别选用不同长度 L_1、L_2、L_3 进行测量，则对应的测量值 H_1、H_2、H_3 也将各不相同。可见，测量评定某参数时，选取适当的测量段（取样长度）非常重要。

再如图 8－8 所示，在一段表面轮廓中，既有表面粗糙度，又有波纹度。由该图不难看出，取样长度的大小将对测量结果产生十分明显的影响。图中的 C 处和 D 处选用较短的同一长度（取样长度）T，而 2 处的粗糙度轮廓出现了很大差异。可见，取样长度不宜太短。当将图中取样长度改为 L 时较为适宜，相应的 A 处和 B 处的粗糙度轮廓仅有细节上的差别；但若所选的取样长度太长时，则图中高度方向的测量结果将明显地包含波纹度成分。由于取样长度过长造成的这种影响，即便是在经长波滤波器 λc 滤波后的粗糙度轮廓上测量也是在所难免的。为此，国家标准根据对各类加工表面的试验统计分析，规定了测量不同参数时应选取的取样长度值。

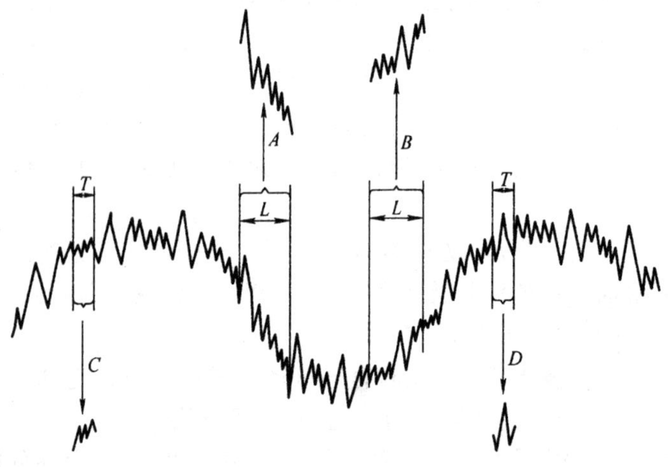

图 8－8　不同取样长度的影响

评定长度是评定轮廓所必需的一段长度。它可以包括一个或几个取样长度。由于加工后表面的不均匀性，在轮廓的不同部位采用同一标准取样长度进行测量，其测得值可能不尽相同。因此，为测得表征表面结构的可靠值，一般取几个连续的取样长度逐段测量，然后将每段测得值累加，取其平均值作为一次测量结果。

在评定长度内所包含的取样长度个数越多，则测量结果越可靠，但费时费工，影响生产效率；反之，测量结果的可靠性就差。为此，国家标准对测量各种参数时的评定长度均有明确规定。例如，测量粗糙度轮廓参数时的评定长度通常为 5 个取样长度；否则应予注明。

(3) 2 种极限值判断规则的区别。完工零件的表面结构是否符合图样上规定的设计要求，需按一定的规则来评定其合格性。设计要求（即表面结构参数值）一般理解为极限值，也即实际表面上的测得值稍有超越，即应判定表面不合格。1983 年发布的 GB 131 中将图样上规定的 *Ra* 值称为“最大允许值”(表 8 -2)，正是按此原则定名的。

但是，从使用角度看，表面上有少量的局部区域测得值超出规定的极限值，并不一定会损害其功能，故不应一概判废。为此，国家标准（GB 10610—1989）从 1989 年起即规定了 2 种判定合格性的规则。为配合该标准的贯彻，GB/T 131 修订为 1993 版后，明确规定将参数代号后不注写或注写“max”字样的 2 种参数值分别称为“上限值”和“最大值”(表8 -2)。

后来，1989 版 GB 10610 在 1998 年修订过 1 次，后 GB/T 10610修订为2009 版，2 种判定规则被正式定名为“16% 规则”和“最大规则”，并统称为“极限值判断规则”。最新的 GB/T 131—2006 对 2 种不同规则也做了十分明确的表示法规定，具体见表 8 -2。

表 8－2　GB/T 131 不同年份版本中表面粗糙度参数 *Ra* 含义的演变

版本	代号示例	含义	说明
1983 年	3.2	轮廓算术平均偏差 R_a 的最大允许值为 3. 2 μm	R_a 的定义内涵与历次修订后标准中的一致。测得值与给定的“最大允许值”比较后的合格性判断的规则与现行标准中的“最大规则”一致。但当时未启用“最大规则”一词
1993 年	3.2	轮廓算术平均偏差 R_a 的上限值为 3. 2 μm	R_a 由 1983 年的“最大允许值”改称“上限值”后，合格性判断的规则改为与现行标准中的“16% 规则”一致。但当时还未启用“16% 规则”一词
	3.2max	轮廓算术平均偏差 R_a 的最大值为 3. 2 μm	首次提出“R_{amax}”的注写形式，称为“最大值”，合格性判断规则与现行标准中的“最大规则”一致。但当时还未启用“最大规则”一词
2006 年	*Ra* 3.2	单向上限值，*R* 轮廓，评定轮廓的算术平均偏差为 3. 2 μm，“16% 规则”（默认）	“*R* 轮廓”即“粗糙度轮廓”。*Ra* 可简称为“算术平均偏差”。*Ra* 后未注写“max”时按“16% 规则”；*Ra* 后注写“max”时按“最大规则”。2 种极限值判断规则的具体规定按 GB/T 10610—2009
	*Ra*max 3.2	单向上限值，*R* 轮廓，算术平均偏差为 3. 2 μm，“最大规则”	

注：因篇幅所限，本表未解读代号中传输带、评定长度等含义。

GB/T 131—2006 明确指出，在两种极限值判断规则中“16% 规则是所有表面结构要求标注的默认规则”。这是因为它适用于绝大多数表面的缘故。换言之，当表面结构代号中未予注明时均默认为遵守“16% 规则”，这样可使标注趋于简化。

对于极限值判断规则，必须正确地识读并理解其含义。所谓“16% 规则”，对上限值来说，是指在被测表面用同一评定长度所测得的全部实测值中，大于（对下限值时为小于）图样上规定值的个数不超过总个数的 16%，则该表面是合格的。例如，某零件表面要求“*Ra*0. 8”；检验时，当在该表面测得的 100 个实测值中，有 16 个（或少于 16 个）*Ra* 实测值大于 0. 8 μm，则该表面是合格的。这便可最大限度地提高该零件的合格率，从而降低生产成本。可见，正确理解并贯彻实施这个判断规则的经济意义是不可低估的。这里所说的测得 100 个实测值仅是假设，实际上可大大简化其检验程序，具体规定可查阅 GB/T 10610—2009。

“最大规则”是指在被测的整个表面上的测得值都不应超出图样上的规定值；否则，该表面便不合格。可见，与“16% 规则”相比，“最大规则”要严格得多。在较少情况下，对有特殊功能要求的表面，提出按“最大规则”的要求检验评定是必要的。

15. 粗糙度高度参数的新、旧标准对照

粗糙度高度参数是最常用的表面结构参数。新、旧标准对这类参数的名称和代号有着不同的规定，两者的差别见表 8 - 3，归纳起来有以下 4 点差别：

（1）改变了参数代号的字体，将原来的下角标改为并排的小写斜体字母。

（2）取消了参数“微观不平度十点高度 R_z”。

（3）新的 *Rz* 为原 R_y 的定义，原 R_y 的代号不再使用。

表 8－3　　粗糙度高度参数的新、旧标准对照

旧标准（GB 3505—1983）		新标准（GB/T 3505—2009）	
名称	代号	名称	代号
轮廓算术平均偏差	R_a	评定轮廓的算术平均偏差	*Ra*
微观不平度十点高度	R_z	—	—
轮廓最大高度	R_y	轮廓的最大高度	*Rz*

（4）改变了参数名称。原来的 R_a 中称为“轮廓算术平均偏差”，是专指表面粗糙度的。但在新标准中定义为“评定轮廓的算术平均偏差”，该术语的内涵既包括评定粗糙度轮廓的算术平均偏差（*Ra*），还包括评定波纹度和原始轮廓的算术平均偏差。因此，在这 3 种参数（*Ra*、*Wa*、*Pa*）的名称前统一冠以“评定轮廓的”5 个字。在不致引起误解（如已明确是指哪一种轮廓）时，全称“评定轮廓的算术平均偏差”可简称为“算术平均偏差”。

16. 零件图中若干典型结构的尺寸标注及解读

（1）对称结构的尺寸标注及解读。类似图 8－9 所示的对称结构十分常见，图 8－9a 中 2 个 ϕ10 mm 孔的定位尺寸 50 mm以对称中心平面为基准对称分布。该基准一般可理解为 30 mm 槽的对称中心平面（当该零件上方无槽时，基准可理解为全长的中心平面）。2 个孔对基准的位置由未注对称度公差控制。

如果对 2 个孔的对称度有较高要求，则应注出对称度公差，如图 8－9b 所示，此时的基准为 30 mm 槽的对称中心平面。

当零件的结构形式上为对称，但对称度要求不高，或者不要求对称度时，则可按图 8－9c 所示标注尺寸。此时，2 个 ϕ10 mm 孔及 30 mm 槽的定位尺寸选某侧面为基准，故图中的对称中心线也不再画出。

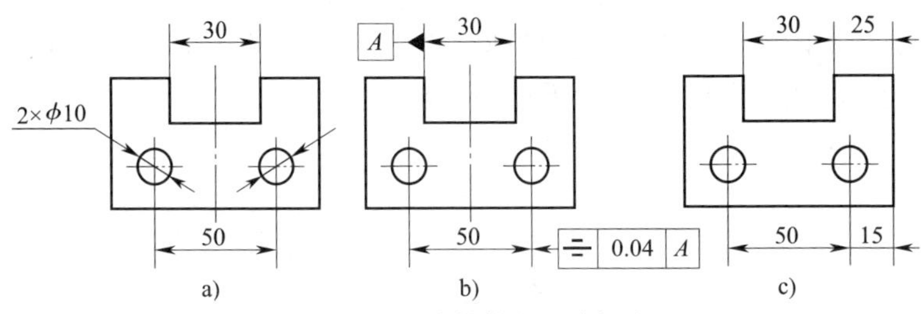

图 8－9　对称结构的尺寸标注

a）、b）以槽的对称中心平面为基准　c）以侧面为基准

（2）易形成隐性封闭尺寸链的结构。有些带有角度尺寸的零件在标注尺寸时，要特别注意出现隐性封闭尺寸链的问题。如图 8－10a 所示，从形式上看，注出尺寸 A、D、C 的尺寸链未封闭。实际上，由于有了角度尺寸 α 和直径 ϕ，尺寸 C 即可算出，再标注尺寸 C 就是多余的了。注出多余尺寸的实质就是注出了尺寸链中的封闭环，这是不允许的。同理，图 8－10b 中的尺寸 F 也为多余尺寸，不应注出。

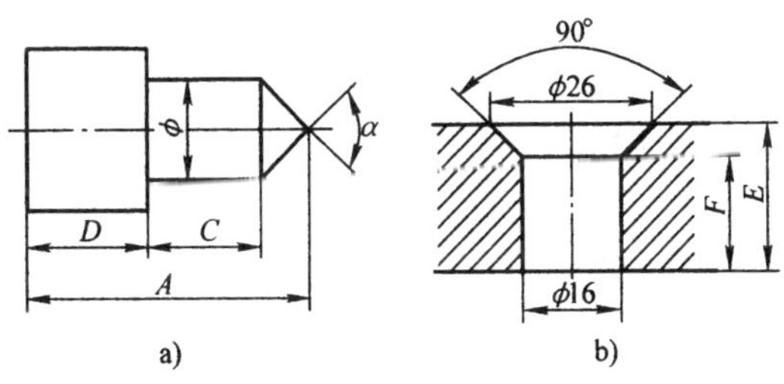

图 8－10　隐性的封闭尺寸链

a）尺寸 C 多余　b）尺寸 F 多余

（3）长圆孔的尺寸标注及解读。长圆形孔是零件中常见的结构要素，如轴上的键槽、电动机底座上的安装孔等。这种结构由于作用和加工方法的不同，可采用不同形式的尺寸标注形式(图 8－11)。在一般情况下采用第一种注法（图 8－11a)，如

键槽、散热片孔及在薄板零件上冲出的加强肋等。因为键槽的尺寸与平键的尺寸一致，散热片孔的尺寸与冲头的尺寸一致，其两端的圆弧作三连弧①看待，其半径尺寸可由几何关系确定，不必注出。

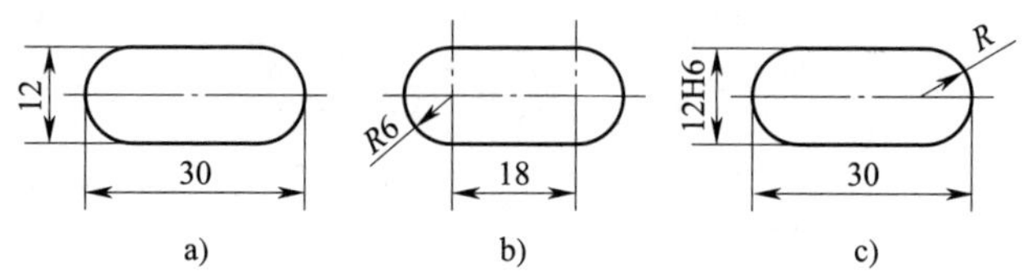

图 8－11　长圆孔的常见标注形式

a）一般注法　b）有安装或加工要求的注法

c）宽度尺寸有较严格的公差要求的注法

当长圆孔是用于装入螺栓的孔（如电动机底座上的长圆形螺栓孔），或是为了满足划线加工的要求时，则应采用第二种注法（图 8－11b）。此时，与两端半圆相切的上下 2 条直线可视为连接线段。给出 2 个半圆的圆心距 18 mm，一方面使 2 个半圆成为已知圆弧，另一方面可按尺寸 18 mm 划线钻孔，并表示了螺栓可移动的距离。

假如长圆孔的宽度尺寸有较严格的公差要求，而两端圆弧半径的实际尺寸又必须随着宽度实际尺寸的变化而变化，此时，在半径尺寸线上仅注出符号“*R*”，而不标注尺寸数值和公差（图 8－11c）。

（4）尺寸标注中的耦合现象。图 8－12 和图 8－13 所示为不同孔距要求的 2 块盖板。分析比较 2 块盖板长度方向的尺寸标注后不难看出，由于两图均画出了长度方向的竖直对称中心线，ϕ5 mm 孔可视为对称结构，竖直的对称中心线即为长度方向的主要尺寸基准。此时，图 8－12 中 4 个小孔的圆心至左右侧面的距离均为 5 mm，恰

① “三连弧”的含义见本书第一章之五。

好与4个$R5$ mm圆角的半径数值相同，即4个孔的圆心与4个圆角的圆心重合。由于图示出的4个圆角的半径明显相等，而且上下、左右均对称，故“$R5$”只需注1次。换言之，虽然“$R5$”注1次，但是仍应解读为4个圆角均已给出了半径尺寸。这样，长度方向的尺寸似乎变成了（40=5+30+5）封闭尺寸链。

需要指出的是，这种情况不应理解为封闭尺寸链，尺寸30 mm及其公差（±0.3 mm）是指对孔距的要求，并不是对4个圆角的圆心距要求。这是由于4个孔与4个圆角的圆心正好重合，孔距与圆角的圆心距偶然巧合而造成尺寸链封闭的假象，这种现象称为尺寸标注的耦合现象，它是图8－13的特例。图8－13所示长向尺寸无耦合现象，这是一般情况。图中$\phi5$ mm孔的圆心与4个圆角的圆心并不重合。此时，既注出孔距尺寸又注出圆角半径是理所当然的，并无尺寸链封闭之嫌。

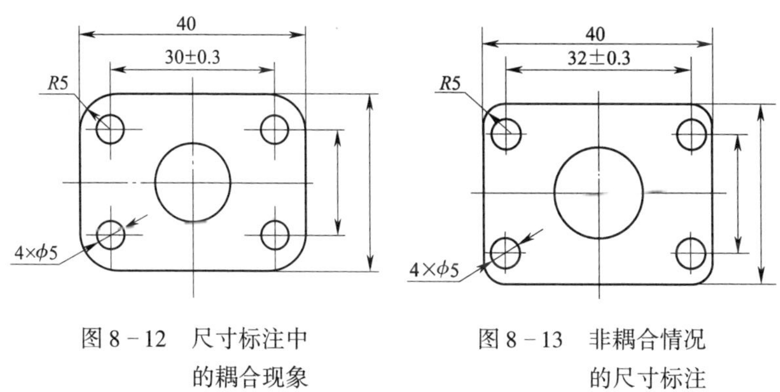

图8－12　尺寸标注中的耦合现象

图8－13　非耦合情况的尺寸标注

（5）链式尺寸的注写和解读。若干等间隔的孔可采用图8－14所示的链式尺寸注法。图8－14a所示为线性尺寸的链式注法；图8－14b所示为角度尺寸的链式注法。识读这种链式注法时应明确以下几点：

1）除孔径要求外，相邻两孔的孔距是主要的要求，应予突出，故应将孔距的尺寸及公差（图 8－14a 中 20 ±0. 3）突出地注在第一排。

2）图 8－14a 中第二排首尾两孔间的尺寸线上注有尺寸“4 ×20 ±0. 3”，理解这一注法要注意以下 3 点：

①其中 4 是间隔数，不是孔的个数，本例有 5 个孔，间隔数为 4。

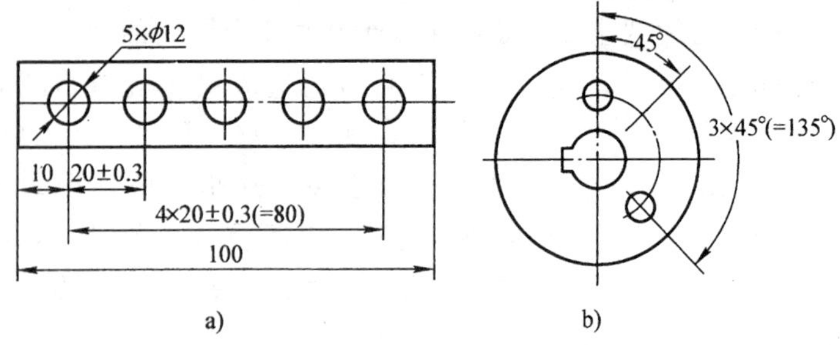

图 8－14　链式尺寸注法

a）线性尺寸　b）角度尺寸

②其中符号“ × ”是隔离符号，不是数学意义上的乘号。将“ × ”作为隔离符号，在我国制图标准中早已有之，如退刀槽的简化注法中用“槽宽 × 直径”或“槽宽 × 槽深”。将“ × ”作为隔离符号在国际上更是早就通用的。因此，我国自 GB/T 16675. 2—1996 发布后，这个符号的应用更是日益广泛，不仅在链式注法中，在其他统一注写数量的场合均已用符号“ × ”取代了符号“ － ”。

③20 ±0. 3 的单位是 mm，4 没有单位。在第一排中突出孔距要求后，第二排中需要突出的是间隔数。为此，注写时应写成 4 ×20 ±0. 3，不得写成 20 ±0. 3 ×4。

3）链式注法中一般应给出首尾 2 个孔的总尺寸，如图 8－14a所示的尺寸 80。由于注写了尺寸 4 ×20 ±0. 3，再注 80 就成了封闭尺寸链，为此，宜注写为：4 ×20 ±0. 3（ =80），即将

80 写入括号中。此时，尺寸 80 可理解为参考尺寸，且不附加公差。

同理，对角度尺寸的链式注法（图 8－14b）也应按上述理解。稍有不同的是，图中的角度 45°未注出公差，它的极限偏差应由未注公差（GB/T 1804—2000）来控制。

第九章 装 配 图

一、本章的地位和特点

若将第八章“零件图”视为对前面各章所学知识和技能的综合应用及对教学成效的检验，那么本章更是对（包括“零件图”在内的）全课程的总检验。本章的教学效果直接关系到能否最终实现本课程教学大纲的总要求。

与上一章“零件图”一样，本章属于本课程的应用教学阶段。两章的教学内容和教学任务密切相关，都是为了培养学生识读和绘制机械图样（零件图和装配图）的能力。这是本课程的最终培养目标之一。

二、教学目的和要求

1. 教学目的

培养学生识读中等复杂程度的装配图和绘制一般的装配图的能力，进一步提高其空间思维能力和综合应用知识的能力。

2. 教学要求

（1）熟悉装配图的内容和画法规定。

（2）能综合运用已学知识，按正确的方法和步骤，读懂中等复杂程度的装配图。能分清零件的图形轮廓；能读懂零件间的相对位置、配合性质、连接形式等；能理解部件的工作原理。

（3）能绘制简单的装配图（由10种左右的专用件和若干标准件组成），并能拆画出零件图。

三、教学重点和难点

1. 重点

装配图的画法和尺寸标注要求，以及识读和绘制装配图的方法。

2. 难点

(1) 读懂装配体的原理，理解总体设计意图。

(2) 想象出各主要零件的结构、形状及拆画零件图。

四、标准化状况

与本章有关的标准是多方面的。除制图标准外，还应包括尺寸公差、几何公差、表面结构、螺纹公差和齿轮精度等，以及图样管理标准和材料标准等。其中，常用的现行有效的标准编号可参见本书各章的“标准化状况”。

五、教学建议

1. 在本章第一次课导入新章的导入语中，宜说明装配图的表达任务与功用。

(1) 装配图的表达任务。装配图是用以表达对所示装配体(完整产品或部件)的总体设计意图的。具体来说，它有以下4个方面的表达任务：

1) 图示装配体的构造①及装配关系。

2) 图示所含主要零件的主要结构和形状；非主要零件也应有所反映，若被完全省略时，需有明确的简化表示法规定。

3) 反映装配体的原理和性能。

4) 说明装配过程中的补充加工（如粘接、点铆）及调试的

---

① 这里称“构造”，未启用“结构”，因为“结构”一词通常专指零件上的一部分，如倒角、退刀槽、中心孔、铸造圆角等（工艺）结构要素。

必要数据和要求。

（2）装配图的功用。装配图的功用可归纳为 5 个“依据”，即装配图是以下 5 个方面的依据：

1）拆画零件图的依据。

2）编制装配工艺规程的依据。

3）装配、调试的依据。

4）检验的依据。

5）组织生产的依据。

2. 培养读、绘装配图的能力并不是光靠多讲就能奏效的，必须强化实践性环节。在本章教学中，从指导思想到课时分配上应努力做到：

（1）从职业教育特点及本章教学目的出发，坚持“以读为主，读绘结合，以绘促读”。

（2）分配课时时应“以练为主，讲练结合”。例如，读图训练既要使实例多而广，又受课时有限的制约，为此，可考虑课内只讲少量典型实例，其余实例留给学生课外去读。课外读图包括习题册上的看图填空题，以及留一些图例供学生课外自学。要求自学的看图图例可在下一次新课内容授课前提问讨论。自学思考也是练习，是不交作业的练习。

3. 一张机械图样（装配图和零件图）通常包含 4 个方面的内容。装配图和零件图各自所含的 4 个方面内容看似相同，其实各有其不同的内涵和要求。为加深学生印象，教师在讲解装配图内容时宜与零件图内容一一对照，说明两者的区别。现将它们的区别对照如下：

（1）零件图中的 1 组图形是用来表达单个零件的形状结构的，要求能正确、完整、清晰、简便地表达出该零件内外各部分的形状、结构。而装配图中的 1 组图形则是用来表达该装配体的构造的，其要求是充分表达出该装配体的工作原理、零件间的相对位置和装配关系，以及主要零件的主要形状，它不要求、也不可能反映每个零件的各部分形状结构。

（2）零件图中的尺寸是用来表达零件的结构大小的，其标注要求是正确、完整、清晰和合理。而装配图中仅需标注几类必要的尺寸，包括性能规格尺寸、装配尺寸、安装尺寸、外形尺寸和其他重要尺寸。

（3）在技术要求方面，零件图中的技术要求主要是通过一些数字、符号、代号、标记和文字的表述来确保该零件在制造、检验时所要达到的一些质量上的要求。而装配图中的技术要求主要是通过文字的表述来说明该部件在装配、调试、维修和维护等过程中所要达到的一些要求。

（4）在图样管理方面，零件图和装配图虽然具有完全相同的标题栏，但装配图的标题栏中“材料”栏目应空缺不填，零件图的标题栏中则必须填写材料。此外，零件图中不设明细栏，装配图中则必须设置明细栏，并在图形上对所属零件编排序号。

4. 讲授装配图的画法规定时可归纳为“两点注意”“三个方面”。

（1）在讲解装配图画法规定之前，应强调两个注意点：

一是，强调正投影法原理和基本视图间的“三等关系”仍然适用于装配图。这是因为学生学习了正投影法和运用“三等关系”做补图、补线练习后，需相隔数月甚至一年之久再布置装配图作业，学生可能会将原先熟悉的知识淡忘。例如，某校学生竟将1张装配图中的几个视图画成完全不符合“三等关系”的1组互不相干的图形。因此，无论教材中是否在装配图一章提及“三等关系”，教师都有必要在本章再次强调这个基本知识点。

二是，强调第六章学过的各种基本表示法（视图、剖视图和断面等）中的画法、注法规定同样适用于装配图。这一点往往被学生疏忽、遗忘或误解。其中的一个原因是标准文本及教材中在讲述剖视图等画法和注法规定时，一般只以某个零件的一两个视图为例。因此，初学者常常误认为视图和剖视图这些画法、注法的基本规定只适用于零件图，不适用于装配图。

（2）装配图的画法规定可归纳为 3 个方面进行讲解。

1）装配图画法的基本规定

①零件相邻处的画法可分为 3 种情况：

——2 个零件接触处的表面画 1 条线。

——配合表面画 1 条线。这里要说明的是，画法只能图示出 2 个零件是否形成配合关系，并不能区分出配合种类。无论是过盈配合还是间隙配合，只要符合配合定义，均画 1 条线。配合的种类由注出的配合代号给定。

——非配合表面画 2 条线。这里主要是指 2 个相邻零件存在包容与被包容关系，但两者在包容处的公称尺寸不同。前面所述的“2 个零件接触处的表面画 1 条线”是指不存在包容关系的情况。

②在装配图的剖视图中，相邻零件的剖面线画法规定详见教材第六章的“剖视图”部分。

2）装配图画法的特殊规定。一般教材中，这方面的规定均分 5 点讲述，即拆卸画法、假想画法、夸大画法、单个零件的画法及展开画法。

3）装配图的简化画法规定。根据 GB/T 16675.1—2012 的规定，装配图的简化画法主要有以下 8 点：

①实心零件纵向剖切时按不剖绘制。这里所称的实心零件是指轴、销、键、连杆、球等。

②工艺结构（如倒角、退刀槽、滚花等）可省略不画。

③零部件组可仅画 1 处，其余用细点画线表示其位置（图9－1）。

④标准部件（如油杯）被剖切时可按不剖绘制。

⑤网状物后面或供观察用的透明材料后面的部分按可见轮廓绘制（图 9－2）。

⑥带传动中的带用粗实线绘制（图 9－3a）。链传动中的链用细点画线绘制（图 9－3b）。

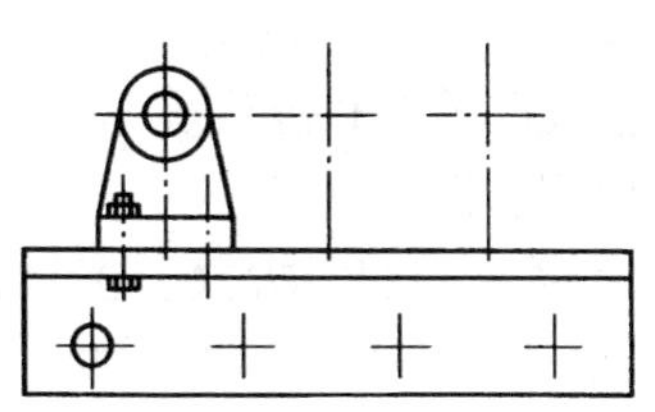

图 9－1　零部件组的简化画法

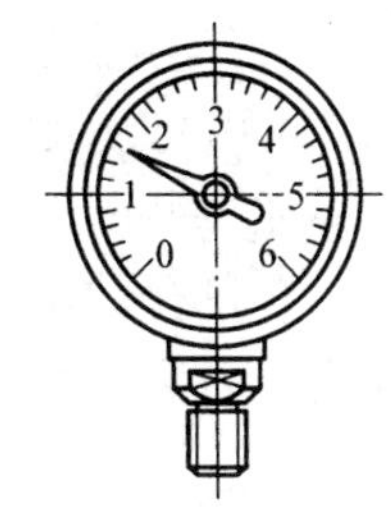

图 9－2　供观察用的透明材料后面部分的画法

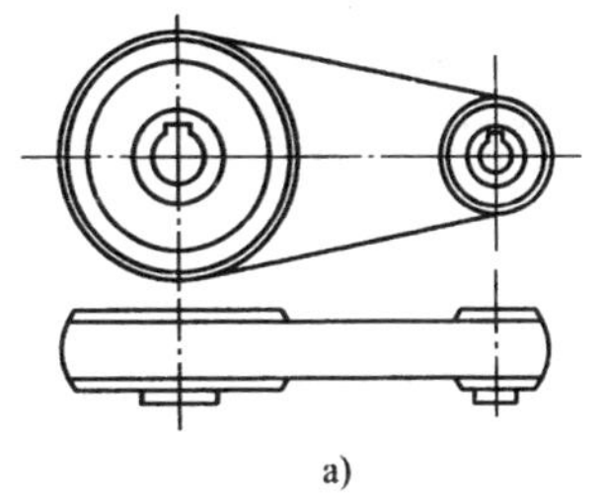

a)

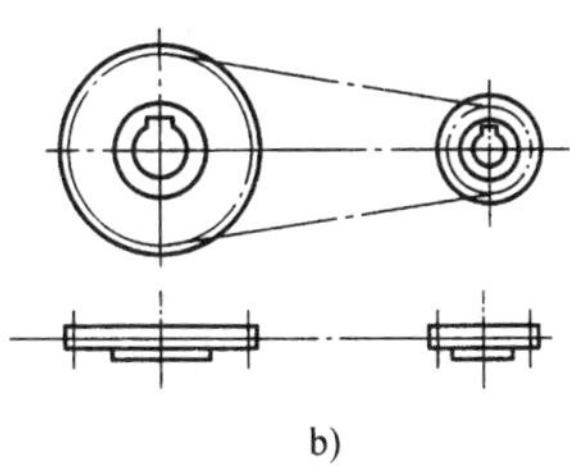

b)

图 9－3　带传动和链传动的简化画法
a）带传动　b）链传动

⑦在不致引起误解时，装配图中可省略剖面符号。

⑧在不影响特征和装配关系的表达时，可仅画出简化后的轮廓（图 9－4）。

对于以上 8 条装配图的简化画法，教师可根据各自学校的具体情况适当取舍。

5. 使学生掌握读装配图的方法比仅仅讲解若干读图实例更重要。有条件的学校可自行制作课件，动态演示读图过程；同时教师可适时归纳总结各种

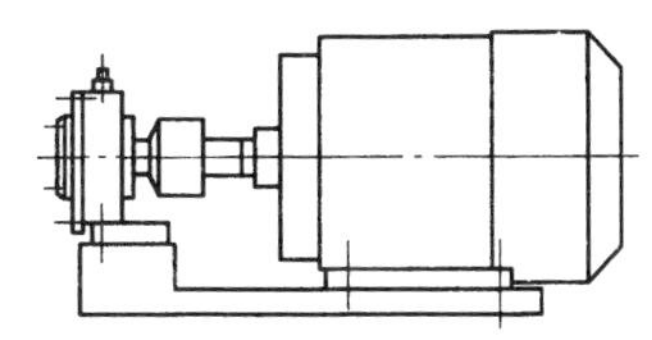

图 9－4　装配图的简化轮廓画法

读图方法，结合读图实例进行讲授。

例如，可以将读装配图的方法归纳为以下几点：

（1）从主要装配干线入手，读懂装配关系和传动系统。

（2）从各部分的功能理解工作原理和设计意图。

以减速器为例，可逐一弄懂传动系统、润滑方式、密封装置、油标装置、换油装置、透气装置、观察装置、游隙的调整与补偿装置、起吊装置和启盖装置等。

（3）从配合代号判断结合件之间配合松紧的程度及相对运动情况。例如：

H8/f7——一般用于中等转速的间隙配合场合。

H7/g6——一般用于可自由移动或滑动的间隙配合场合。

H7/h6、H8/h7——一般用于间隙定位配合，可自由装拆，工作时无相对运动的场合。

H7/k6——过渡配合，用于精密定位。

熟悉或从有关手册中查知常用配合代号的配合性质和应用场合，即可很快读懂装配体中各相邻零件间的运动关系。

（4）借助剖面线的不同斜向、间距来区分零件。

（5）借助分规、三角板等工具按“三等关系”找出每个零件在各视图中的投影，以便联系起来想象整体形状。

6. 为有效地培养学生的读图能力，应从学生的知识基础、兴趣爱好出发，服务于专业课教学，教学中要紧密结合不同专业特点和专业需求，灵活选用教材中的图例，也可选择专业实习中常见机械设备和部件的装配图作为典型案例进行教学。例如，钳工专业可选择台虎钳、减速器装配图；车工、数控等机加工专业可选车床尾座装配图；焊工专业可结合专业及生产实际选择一些钢结构设备装配图等。

7. 拆图是本章的难点之一。要化解这个难点需把握3个问题，即零件形状及表达方案的确定、尺寸的确定和技术要求的确定。

（1）零件形状及表达方案的确定。装配图的首要表达任务是装配体的构造及装配关系。对零件形状的表达，不必、也不可能反映出每个零件每一部分的结构形状。对于主要零件，也只能反映其主要形状。因此，由装配图拆画零件图时，需要补充确定每个零件在装配图中未能反映的那部分形状。可见，如果说装配图是表达装配体的总体设计意图的话，那么，拆画零件图则是设计过程的补充和继续，也是中职毕业生应具备的一种职业能力。

在拆图时，需补充、完善某零件在装配图中被另一个零件挡住的部分，若是相贯线一类的边缘轮廓线，则是比较简单的。但若由于该零件在装配图中因视图数量不足而致未定形状的范围较大、缺线较多时，则应引导学生从以下两个方面考虑，完成其未定形状部分结构的补充设计：

1）根据该零件的功能，完成构形设计。

2）兼顾与未定形部分相邻的其他零件的关系。这种相邻关系中，包括接触和非接触两种情况。相互接触的情况一般在装配图中有所反映；非接触情况时的形状确定一般应考虑留足操作空间、节省材料、减轻质量及其他工艺要求等。

还有一点要提醒学生注意，装配图中允许省略（即不画出）细小的工艺结构，拆图时则应根据工艺要求全部反映在零件图上，不可遗漏。

画零件图时，确定主视图投射方向要注意的问题也需向学生重点强调。由于装配图的主视图较多地反映了各零件的装配关系，且一般均按工作位置配置。这样，要拆画的零件在装配图中的位置就不一定符合零件图的主视图选择原则。因此，在拆图中不能不加分析地照搬装配图的投射方向，而应按各零件的具体情况综合考虑其形状特征、工作位置或加工位置等情况确定。

（2）尺寸的确定。装配图上一般只注出必要的 5 类尺寸，从装配图拆画零件图时，零件尺寸主要根据装配图确定。确定尺寸的途径通常可归纳为以下4种：

1）抄注。装配图上已注尺寸应直接抄注到零件图上，且不得随意更改。

2）查注。对与标准件有装配关系的尺寸，如螺孔、销孔可查明细栏中的标准件规格尺寸确定。倒角、倒圆、退刀槽、砂轮、越程槽等标准结构要素的形式及尺寸也应根据有关的标准直接查取后注出。

3）计算。如在拆画齿轮零件图时，齿顶圆直径和分度圆直径应根据明细栏中给定的模数和齿数通过计算确定。

4）量取。不属于上述情况的其余尺寸，可在装配图上按比例量取，并尽量按《标准尺寸》（GB/T 2822—2005）圆整后注出。

（3）技术要求的确定。零件图中的技术要求一般可按以下情况确定：

1）在线性尺寸中，配合尺寸的公差带代号按装配图上的配合代号区分孔或轴抄注。非配合的线性尺寸不必注出公差，但需在技术要求中统一给定，如“线性尺寸的未注公差按GB/T 1804—m”。在零件图中，多数尺寸属未注公差尺寸。

2）几何公差的要求一般不在装配图中给出。拆图时可根据各要素在装配体中的功能要求确定，也可参照其他图样中类似的零件确定。一般的零件图中，多数的单一要素和相关要素间的形状、位置要求均可按未注几何公差不予注出，但也需在技术要求中注明，如“未注几何公差按GB/T 1184—K”。

3）对表面结构要求，一般只要求学生参照有关资料确定即可。

8. 在布置装配图作业时，对标题栏和明细栏（以下简称“两栏”）的格式宜做统一规定，并就“两栏”的填写要求做补充说明。

国家标准中给出的“两栏”格式较为复杂，练习中使用的“两栏”可适当简化，简化时需遵循2个原则：

一是“两栏”的格式与国家标准给出的相比，不可简化得面目全非。例如，可适当缩减责任签字人数和不常用的分区(如更改区)，但选用的分区不应改变其原有方位。

二是标题栏的总长度尺寸（180 mm）。有关标题栏的长度规定，在新、旧国家标准和行业标准（部标准）中，自1960年以来从未改变过，一直是180 mm，随意更改不利于养成学生规范布局、合理利用图纸幅面的良好习惯。

依照上述原则，这里推荐采用如图9-5所示的练习用“两栏”格式。图中的更改区已取消，责任签字区已由8人缩减为3人。其中“设计”由绘图的学生自签；“校核”由另一位学生签字，以便营造学生间互帮互学的好学风，且又符合企业中“校核”由技术人员互签的实际情况；“审核”则由教师签字。

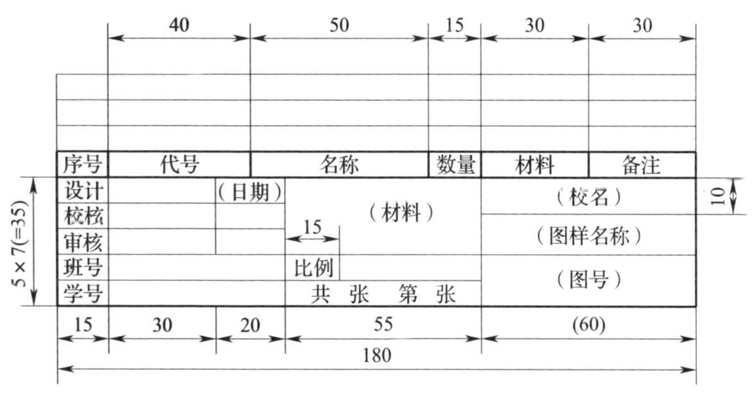

图9-5　练习用标题栏、明细栏格式

对“两栏”的填写要求应补充说明以下几点：

(1) 零件图和装配图应采用完全相同的标题栏。用于装配图时，标题栏中的“材料”栏目空缺不填。

(2)“共×张　第×张”应填写同一图号的张数和张次。因大多数情况下的装配体只画 1 张装配图，每一个零件只画 1 张零件图。此时，张数和张次空缺不填。

（3）标题栏中的“图号”和明细栏中的“代号”都是“图样代号”的简称。编排机械图样的代号常采用隶属编号，反映产品代号与所属部件和零件之间的隶属关系。例如，产品代号为 B328 时，产品总装配图的图号即为 B328. 0；用 B328. 1—1 表示 B328 产品中第一部件的第一个专用零件，即 B328. 1—1 便是该专用零件的完整的图样代号。明细栏的“代号”栏目中，对专用件来说，应填入完整的图样代号。图样代号的编号原则应遵照 JB/T 5054. 4—2000 的规定。

学生作业中常在“图号”栏目中填写“A3”“A4”，这是完全错误的。图号是反映产品零部件间隶属关系的编号，绝非表示图幅大小的幅面代号，这一点需向学生说明。

第十章　零部件测绘

一、本章的地位和特点

零部件测绘是学习机械制图的综合实践性教学环节；是继零件图、装配图之后，学生对学习机械制图课程的基本知识、原理和方法的综合运用和全面训练，也是对前面所学知识的全面检验；是进一步提高学生绘图技能和综合职业实践能力，保证达到教学基本要求的重要手段。

本章的主要特点体现在教学内容的综合性和教学过程的实践性。因此，教学中要紧密结合本校实际，结合教学对象专业特点和生产实践需求，真正做到理论联系实际，体现“做中学、学中做”，在教学实践中有针对性地培养学生的综合职业能力。

二、教学目的和要求

1. 熟悉零部件测绘的方法和步骤，掌握零件草图、装配示意图、部件装配图以及零件图的画法与要求。

2. 学会使用常用测量工具，掌握几种常用的测量方法。

3. 通过零部件测绘，加深对零件工艺和装配结构的感性认识和理解，培养自主学习精神、动手能力、团队精神和综合职业能力。

三、教学重点和难点

1. 重点

熟练掌握零部件测绘的方法和步骤，徒手画零件图，标注和测量尺寸，根据装配示意图画部件装配图。

2. 难点

合理标注零件尺寸，确定技术要求。

四、标准化状况

与本章有关的标准几乎涵盖了前面9章所涉及标准的全部内容，这里不再一一赘述。除此之外，在绘制装配示意图时，有些零件（如轴、轴承、齿轮、弹簧等）应参照国家标准《机械制图 机构运动简图用图形符号》（GB/T 4460—2013）中规定的符号表示。

五、教学建议

1. 讲清零部件测绘的重要作用和意义，以唤起学生对本章内容的学习兴趣、求知欲和责任感。在近几届世界技能大赛机械CAD设计项目中，测绘与绘图技术标准占到比赛内容的25%，教学中应给予足够重视。部件测绘是对已有的机器或部件进行分析、拆卸和测量，然后画出草图、装配图和零件图的过程，即测量与绘图的过程。实际生产中设计新产品时，有时需要测绘同类产品，供设计时参考。在对已有机器、设备革新改造又无图样时以及维修机器或设备时，如果某一零件损坏，在无备件又无图样的情况下，就需要测绘损坏的零件，画出其零件图，以满足修配时的需要，这被称为零件的测绘。因此，测绘技术是工程技术人员必须掌握的重要的基本技能。通过零部件测绘教学实践，使学生能够对机械制图基本知识、原理、方法及其相关知识综合运用，并得到全面训练。同时，零部件测绘内容烦琐、任务繁重，所以教师在教学实践中要增强责任感，精心组织教学，加强巡视，及时给予学生必要的提示和引导。

2. 零部件的测绘方法和步骤是本章的重点之一。教师要紧密结合本校实际和教材合理安排教学内容及专业培养目标要求，有针对性地选取要测绘的零部件，既可采用教材中的机用虎钳作为典型案例组织测绘实训，也可结合专业或生产实际需要选择不同典型部件进行测绘。通过典型部件的测绘，着重使学生熟悉和掌握部件测绘的流程和测绘方法，部件测绘流程如图 10－1 所示。

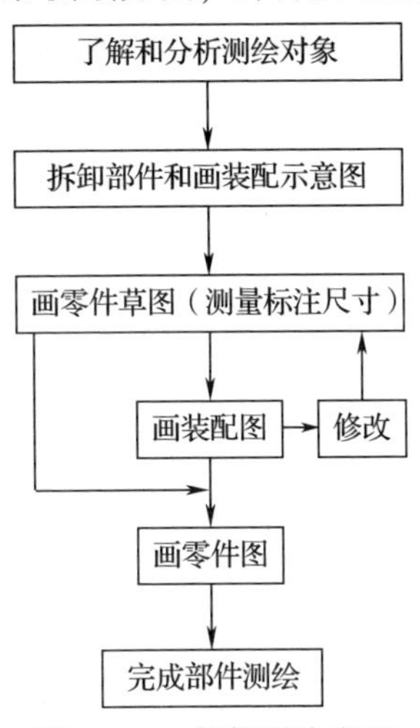

图 10－1　部件测绘流程

3. 本章最好安排 1 周左右时间集中进行零部件测绘，其学时分配可参考表 10－1。由于测绘条件及学时所限，建议教师根据

表 10－1　　零部件测绘日程安排建议

周	学时		教学内容及要求
	讲	练	
一	2	4	熟悉和掌握零部件测绘的方法和步骤，教师的讲授与学生的阅读相结合；分组拆卸部件，画装配示意图，画零件草图
二	0.5	5.5	学生分组画零件草图，标注并测量零件尺寸。教师进行巡视，指导学生开始画装配图
三	—	6	根据装配示意图和零件草图画装配图
四	—	6	画零件图，确定技术要求，教师进行必要的提示
五	2	4	完成各零件图，展示优秀图样；小结各组测绘实践情况，指出共性问题，并要求学生修正和完善

测绘实例，精心设计教学，将学生进行分组（4～6人一组）。每组应配备1～2名学习骨干，布置任务，分工合作。这样既可以保证教学效率，尽快使学生熟悉和掌握部件测绘的基本方法和步骤，又做到了因材施教，有意识地培养学生的团队精神和竞争意识。

4. 在测绘练习中，教师要随时把握测绘进度和质量。例如，强调在零件草图上标注尺寸的步骤，要求学生画完零件的一组视图后，务必先将该标出的尺寸界线、尺寸线全部画出，经教师审阅后，集中测量和标注尺寸。

5. 技术要求的选定是本章的教学难点之一。正确、合理地给出技术要求，需要具备丰富的专业知识和生产实践经验。这方面恰恰是学生的弱点。因此，教师可引导学生采用经验法或参照同类零件图样的类比法，也可指导学生查阅《机械零件设计手册》等技术资料来确定技术要求。

6. 要充分体现“做中学、做中教”的职业教育理念。零部件测绘的教学实践性强，所以教学中要避免传统的填鸭式教学，要充分发挥教师的主导作用和学生的主体作用，教师引导和提示学生多动手，使他们主动学习，并通过实践获取知识和技能。关于教学内容和学生测绘实践内容的取舍，教师可根据学校不同专业及企业对学生职业能力的实际需要进行合理设计和重新安排。这里提供3种方案，供教学中参考。

（1）方案一：以教材中机用虎钳为典型案例，教师的讲授、引导和学生测绘实践活动相结合，以使学生熟悉和掌握零部件测绘的方法和基本流程，培养学生的实际测绘技能。建议教学中每个班级配备4～6套机用虎钳实物，并采用多媒体教学。

（2）方案二：以教材内容为依据，讲解零部件测绘方法，然后再集中进行零部件测绘训练，集中练习测绘。同样，可选机用虎钳，也可选由10件左右零件组成的齿轮泵、安全阀等。

（3）方案三：先以教材中机用虎钳为载体，师生互动，讲练结合，以使学生熟悉和掌握零部件测绘的方法及基本流程。由于机械类各专业（职业）学生通过《极限配合与技术测量》课程及专业实习等相关知识学习，已具备基本的测量能力，因此，对于常见测量方法的有关内容可采用多媒体教学，让学生直观、快捷地熟悉和了解。然后，再结合学校实际和专业及学生就业企业的需求，合理选择一个部件（专用件 10 件左右），让学生进行集中测绘实践，以进一步使学生掌握和巩固零部件的测绘技能。

*第十一章　金属结构图、焊接图和展开图

一、本章的地位和特点

本章作为本课程的选学内容，包括金属结构图、焊接图和展开图 3 个部分，供有关专业根据需要选学全章或其中 1 节或 2 节。

1. 金属结构图与焊接图广泛应用于机械、桥梁、化工设备和建筑结构。它们通常由钢板、型材通过焊接（局部也有用螺栓连接或铆接）的方式连接组成。

金属结构图的特点如下：金属结构图与机械图的绘制原理和方法是一致的，但由于表达对象与制造方法有很大差别，金属结构件和容器设备与机械零件或部件相比较，其组成部分的尺寸相对较大，焊接图中的焊缝符号及其标注形式种类繁多。因此，除具备识读机械图样的基本能力外，还必须了解金属结构件和焊接等有关代号及画法，掌握金属结构图的绘制特点和有关标准。

2. 将立体表面按其实际大小，依次摊平在一个平面上，称为立体的表面展开，展开后所得图形称为展开图。在生产中常遇到由金属板材制成的容器、管道、接头等制件，需用板料弯制成产品。制造这类产品时，需要画出展开图，然后下料成形，最后经弯折、咬缝、焊接（或铆接）制成。展开图在造船、机械、电子、化工、建筑等行业中都得到广泛应用。

展开图的特点如下：立体的表面展开图是根据投影原理，

用几何作图的方法画出的图形（俗称“放样”）。立体的表面分为可展与不可展两种。平面立体的表面都是平面，是可以展开的；曲面立体中的圆柱面和圆锥面都是可以展开的曲面，而球面和环面则都属于不可展开的曲面。对于不可展曲面，通常采用近似画法展开。本章仅介绍可展曲面的常用展开图画法。

二、教学目的和要求

1．了解金属结构件（棒料和型材）的标记和尺寸标注，以及有关代号及画法，熟悉金属结构件及其连接件的表示法规定。

2．熟悉各种焊缝符号及其标注方法，了解各种不同的焊接方法以及数字代号，初步掌握识读焊接图的基本能力。

3．掌握平面立体制件的展开图画法，以及异形接头、异径管件等可展曲面的展开图画法。

三、教学重点和难点

1．重点

（1）在了解金属结构件的标记和尺寸标注的基础上，熟悉金属结构图包括金属结构件简图表示法以及节点画法。

（2）在熟悉各种焊缝符号及其标注方法的基础上，初步掌握识读焊接图的方法。

（3）基本体（如棱柱、棱锥或圆柱、圆锥）表面的展开图画法及其被截切后的形体的展开图画法。

2．难点

（1）焊接图中的各种焊缝符号及其标注形式。

（2）由平面和曲面构成的方圆接头、异径三通管等复杂形体的展开图画法。

四、标准化状况

在本章介绍的3种“图”中，“展开图”一节属于工艺性几何作图方法的介绍。金属结构图则长期沿用 GB 4656—1984 的规定。目前，该项标准已废止，其中部分内容已经修订为《技术制图　棒料、型材及其断面的简化表示法》(GB/T 4656—2008)。2009 年又发布了《技术制图　紧固组合的简化表示法　第 1 部分：一般原则》(GB/T 24741. 1—2009)。该标准的技术内容与 GB 4656—1984 是基本一致的。

焊接方面的标准有百余项之多，与焊接图的表示法直接有关的有以下 5 项：

GB/T 324—2008　焊缝符号表示法

GB/T 12212—2012　技术制图　焊缝符号的尺寸、比例及简化表示法

GB/T 5185—2005　焊接及相关工艺方法代号

GB/T 985. 1—2008　气焊、焊条电弧焊、气体保护焊和高能束焊的推荐坡口

GB/T 985. 2—2008　埋弧焊的推荐坡口

此外，现行国家标准《技术制图　粘接、弯折与挤压接合的图形符号表示法》(GB/T 24746—2009) 可作为含展开图的钣金件图样的绘图依据。

五、教学建议

学习本课程时，机械类各专业可根据相关专业的需要选学本章中部分内容。例如，与建筑、桥梁等相关的专业可选学金属结构图和焊接图，与化工设备等相关的专业可选学焊接图和展开图。

本章讲述的 3 种图样专业性较强，讲授时应把握好以下要点：

1. 金属结构图

金属结构件（如棒料、型钢或板材等）都是由轧钢厂按标准规格（型号）轧制而成的。学习本节时，首先要了解并熟悉各种规格金属结构件的标记（如断面的图形符号、字母代号等）

形式。因为在识读金属结构图（主要是钢结构图）时，除了分析各视图之间的关系，了解该结构组成以外，主要是根据各构件的编号及标注，弄清其规格、大小及数量，然后再对照识读节点详图，弄清各构件之间的连接关系，从而形成整体概念。总之，读懂1张金属结构图，除了应具备一定的读图知识外，关键在于是否清楚各种符号的意义及标注规则，重点是看懂构件之间的连接关系。

2. 焊接图

焊接是通过加热或加压，或两者并用，用或不用填充材料，使焊件达到原子间结合的一种加工工艺方法。焊接是不可拆的连接方法，由于其工艺简单，连接可靠，节省材料，劳动强度不高，因此应用日益广泛。

在本节教学中必须讲清楚以下几点：

（1）重点介绍常见的焊缝基本符号及其标注方法。焊缝的基本符号共有20种，还有8种基本符号的组合符号和11种补充符号。教材中仅列举了常见的几种，如果在焊接图中标注有其他基本符号时，可查阅GB/T 324—2008和GB/T 12212—2012。零件间熔接处称为焊缝。焊缝在图样上采用焊缝符号（表示焊接方法、焊缝形式、焊缝尺寸等技术内容的符号）表示。

焊缝可用图示法（视图、剖视图或断面图）表示。在视图中，焊缝用细实线或粗线（粗实线宽的2倍或3倍）表示，并同时标注焊缝符号。当焊缝分布比较简单时，不必画出，只在焊缝处标注焊缝符号。焊缝符号一般由基本符号与指引线组成，必要时还可以加上辅助符号、补充符号、焊缝尺寸符号和焊接方法代号。

（2）焊缝的指引线由箭头和基准线（实线基准线和虚线基准线）2部分组成。在叙述焊缝的基本符号相对基准线的位置时应注意：当焊缝在箭头所示一侧时，应将基本符号标注在实线基准线一侧（图11－1b）；当焊缝在非箭头所指的一侧时，应将基本符号标注在细虚线基准线一侧（图 11 - 1c）；当焊缝为对称或双面时，可不画细虚线基准线（图 11 - 1d）。

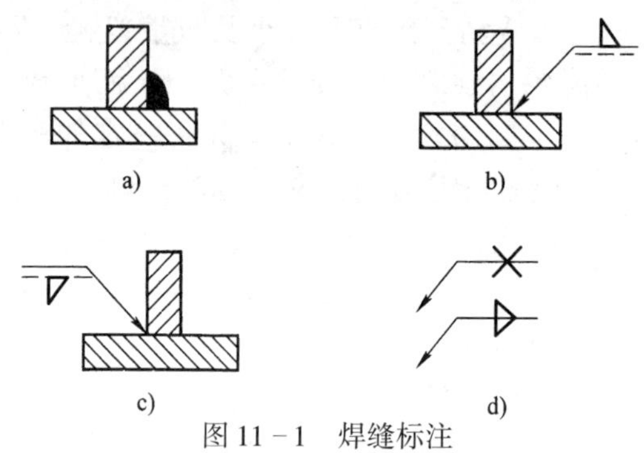

图 11 - 1　焊缝标注

a）角焊缝　b）箭头指在焊缝侧　c）箭头指在非焊缝侧　d）双面和对称焊缝

（3）焊接图实际上是焊接件的装配图，应包含明细栏在内的装配图的所有内容。此外，焊接图还要标注焊缝符号。如果焊接件结构较简单，可将焊接件的全部图形、尺寸、焊接要求等表示在一张图样上；如果焊接件结构比较复杂时，则应画出各组成构件的零件图。

GB/T 324—2008 规定了焊缝符号，GB/T 12212—2012 又规定了焊缝符号的尺寸比例及简化表示法。

当同一图样中全部焊缝相同且已用图示法明确表示其位置时，可统一在技术要求中用符号表示或文字说明；当部分焊缝相同时，也可采用同样的方法表示，但其余焊缝应在图样中明确标注。

当同一图样上全部焊缝所采用的焊接方法完全相同时，焊缝符号尾部表示焊接方法的代号可省略不注，但必须在技术要求中注明“全部焊缝均采用……焊”等字样；当大部分焊接方法相同时，可注明“除图样中注明的焊接方法外，其余焊缝均采用……焊”等字样。

3. 展开图

画展开图实质上是求作立体表面实形的问题。表面展开后，必有一个接口。接口的位置应按照易于加工、便于安装、节省材料等原则来选择。在接口处，可采用焊接或咬接的方式。如果采用咬口连接时，还要根据咬口的形式、板材的厚度另加咬口余量。咬口的尺寸可查阅有关钣金工手册。

为了帮助学生尽快掌握画展开图的基本概念和方法，建议在教学中补充有关内容，或根据专业需要选择教学内容。

(1) 对于平面立体，只要分别作出组成平面立体表面的各个平面的实形，将其依次排列在1个平面上，就得到展开图。

如图11－2a所示的斜口直四棱柱管，可想象成将四棱柱的侧面放在 *H* 面上，使它顺次绕各侧棱向同一侧翻滚，每翻滚1次，就在 *H* 面上画出1个侧面的实形。当棱柱翻滚1周，就在 *H* 面上得到斜口直四棱柱管的展开图，这种方法称为翻滚法，图11－2b即为它的展开图。用这种方法可使初学者很容易地建立画展开图的基本概念。

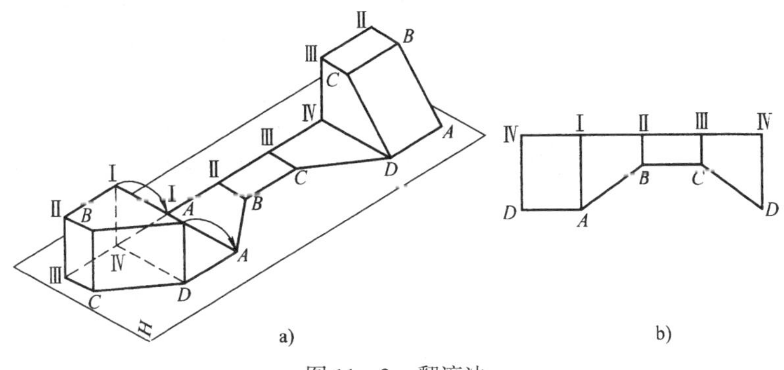

图11－2　翻滚法

a）立体示意图　b）展开图

(2) 有的平面立体，如棱锥，它的侧面都是三角形，其棱线多数为一般位置直线，在视图中不反映其实长，因此必须求出各侧棱的实长和底面的实形，才能画出棱锥表面的展开图，如图11－3所示。

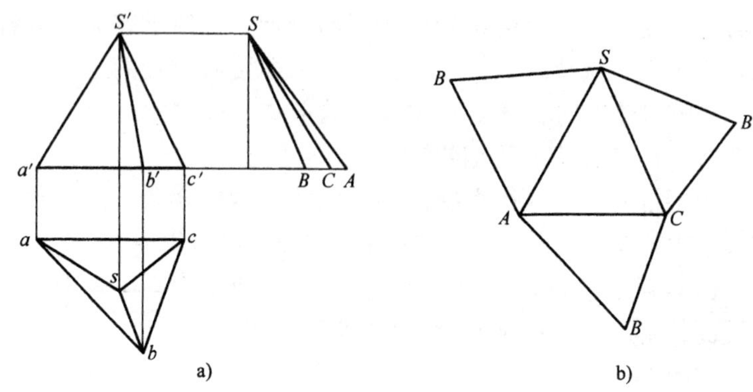

图 11－3　三棱锥表面的展开

a）作图过程　b）展开图

由于棱锥底 ABC 平行于 H 面，其 H 面投影反映实形。因此，只要求出侧棱 SA、SB、SC 的实长，就可作出 3 个侧面的实形，再与锥底连接即为所求。

这里需要补充的内容是求作一般位置直线的实长的 2 种方法。

1）直角三角形法。图 11－4a 所示为直角三角形法的空间几何关系。在直角三角形 ABC 中，斜边 AB 与 H 面、V 面倾斜，其投影 ab、$a'b'$均不反映实长。但是直角边 $AC = ab$，直角边 BC 等于 AB 两端点的 Z 坐标差（$b'c'$）。已知直角三角形 2 个直角边的长度，即可作出此直角三角形，其斜边即为实长。

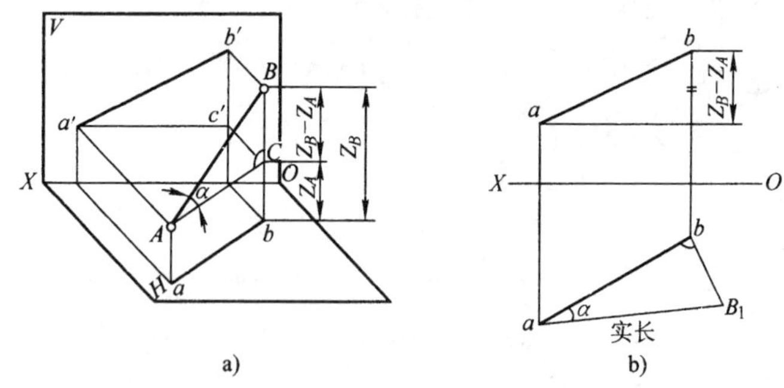

图 11－4　用直角三角形法求直线的实长

a）空间几何关系　b）作图过程

图 11－4b 所示为根据上述原理求实长的作图方法。实际上，图 11－3 中各棱边的实长也是按上述方法求得的。

2）旋转法。根据正投影法规律可知，当直线平行于某个投影面时，其投影反映实长。因此，求作一般位置直线的实长时，可将该直线绕垂直于某个投影面的直线为轴，旋转到与另一个投影面平行的位置，其投影即反映实长。

如图 11－5a 所示，AB 为一般位置直线，过端点 A 取垂直于 H 面的直线 AO 为轴，将 AB 绕该轴旋转到正平线位置 AB_1，其新的正面投影 $a'b_1'$ 为所求实长。从图 11－5a 中可得出点的旋转规律：当一点绕垂直于投影面的轴旋转时，它的运动轨迹在该投影面上的投影为 1 个圆，而在另一投影面上的投影为 1 条平行于投影轴的直线。图 11－5b 所示为利用这个投影特性所作的由一般位置直线求作实长的作图过程。

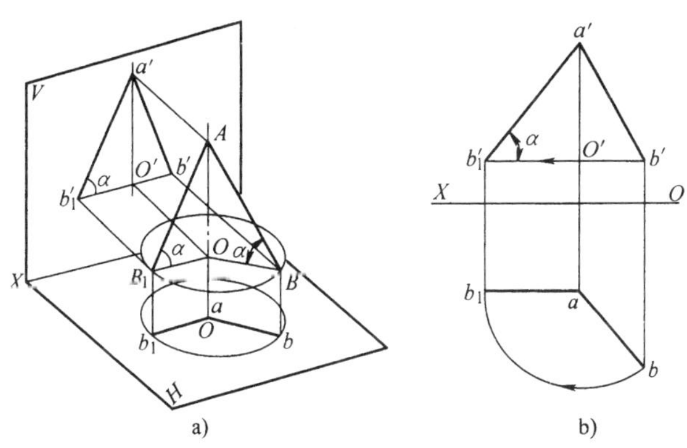

图 11－5　用旋转法求直线的实长

a）空间几何关系　b）作图过程

附录　学时分配表

一、（初中起点）学时分配表

章节内容	总学时	讲授	练习
绪论	0.5	0.5	—
第一章　制图基本知识与技能	9.5	4.5	5
§1－1　制图基本规定	0.5	0.5	—
§1－2　尺寸注法	3	1	2
§1－3　尺规绘图	6	3	3
第二章　正投影作图基础	10	4	6
§2－1　投影法概述 §2－2　三视图的形成及其投影规律	2	1	1
§2－3　立体上点、直线、平面的投影	5	2	3
§2－4　基本体的投影作图	3	1	2
第三章　立体表面交线的投影作图	10	4	6
§3－1　立体表面上点的投影	2	1	1
§3－2　截交线的投影作图	4	1.5	2.5
§3－3　相贯线的投影作图	4	1.5	2.5
第四章　轴测图	8	4	4
§4－1　轴测图的基本知识 §4－2　正等轴测图	4	2	2
§4－3　斜二等轴测图	2	1	1
§4－4　轴测草图画法	2	1	1

续表

章节内容	总学时	讲授	练习
第五章　组合体	12	6	6
§5－1　组合体的组合形式与表面连接关系	2	1	1
§5－2　画组合体视图的方法与步骤	4	2	2
§5－3　组合体的尺寸标注	2	1	1
§5－4　读组合体视图的方法与步骤	4	2	2
第六章　机械图样的基本表示法	22	10	12
§6－1　视图	4	2	2
§6－2　剖视图	8	3	5
§6－3　断面图	2	1	1
§6－4　局部放大图和简化表示法	2	1	1
§6－5　第三角画法	2	1	1
§6－6　表示法综合应用案例	4	2	2
第七章　机械图样的特殊表示法	14	7	7
§7－1　螺纹及螺纹紧固件表示法	5	2	3
§7－2　齿轮	4	2	2
§7－3　键连接和销连接	2	1	1
§7－4　弹簧 §7－5　滚动轴承	3	2	1
第八章　零件图	24	11	13
§8－1　零件图概述 §8－2　零件结构和形状的表达	3	1	2
§8－3　零件上常见的工艺结构	1	1	—
§8－4　零件尺寸的合理标注	4	2	2
§8－5　零件图上的技术要求	8	4	4
§8－6　读零件图	8	3	5

续表

章节内容	总学时	讲授	练习
第九章　装配图	20	10.5	9.5
§9-1　装配图的内容和表示法	3	1	2
§9-2　装配图的尺寸标注、零部件序号和明细栏	2	1.5	0.5
§9-3　常见的装配结构	1	1	—
§9-4　画装配图的方法与步骤	6	3	3
§9-5　读装配图的方法与步骤	4	2	2
§9-6　由装配图拆画零件图	4	2	2
第十章　零部件测绘	20	5.5	14.5
§10-1　零部件测绘方法和步骤	3	1	2
§10-2　常用测量工具及测量方法	1	0.5	0.5
§10-3　测绘机用虎钳	16	4	12
*第十一章　金属结构图、焊接图和展开图	10	5	5
§11-1　金属结构件的表示法	2	1	1
§11-2　焊接图	2	1	1
§11-3　展开图	6	3	3
机动			
总计	160	72	88

二、(高中起点) 学时分配表

章节内容	总学时	讲授	练习
绪论	0.5	0.5	—
第一章　制图基本知识与技能	5.5	2.5	3
§1-1　制图基本规定	0.5	0.5	—
§1-2　尺寸注法	2	1	1
§1-3　尺规绘图	3	1	2

续表

章节内容	总学时	讲授	练习
第二章　正投影作图基础	8	4	4
§2－1　投影法概述 §2－2　三视图的形成及其投影规律	2	1	1
§2－3　立体上点、直线、平面的投影	4	2	2
§2－4　基本体的投影作图	2	1	1
第三章　立体表面交线的投影作图	8	3	5
§3－1　立体表面上点的投影	2	1	1
§3－2　截交线的投影作图	3	1	2
§3－3　相贯线的投影作图	3	1	2
第四章　轴测图	6	3	3
§4－1　轴测图的基本知识 §4－2　正等轴测图	2	1	1
§4－3　斜二等轴测图	2	1	1
§4－4　轴测草图画法	2	1	1
第五章　组合体	8	3.5	4.5
§5－1　组合体的组合形式与表面连接关系	1	0.5	0.5
§5－2　画组合体视图的方法与步骤	2	1	1
§5－3　组合体的尺寸标注	2	1	1
§5－4　读组合体视图的方法与步骤	3	1	2
第六章　机械图样的基本表示法	16	8	8
§6－1　视图	4	2	2
§6－2　剖视图	6	3	3
§6－3　断面图	1	0.5	0.5
§6－4　局部放大图和简化表示法	1	0.5	0.5
§6－5　第三角画法	2	1	1
§6－6　表示法综合应用案例	2	1	1

续表

章节内容	总学时	讲授	练习
第七章　机械图样的特殊表示法	10	5	5
§7－1　螺纹及螺纹紧固件表示法	4	2	2
§7－2　齿轮	3	1. 5	1. 5
§7－3　键连接和销连接	1	0. 5	0. 5
§7－4　弹簧 §7－5　滚动轴承	2	1	1
第八章　零件图	18	8. 5	9. 5
§8－1　零件图概述 §8－2　零件结构和形状的表达	3	1. 5	1. 5
§8－3　零件上常见的工艺结构	1	1	—
§8－4　零件尺寸的合理标注	2	1	1
§8－5　零件图上的技术要求	6	3	3
§8－6　读零件图	6	2	4
第九章　装配图	16	8	8
§9－1　装配图的内容和表示法	2	1	1
§9－2　装配图的尺寸标注、零部件序号和明细栏	2	1	1
§9－3　常见的装配结构	1	1	—
§9－4　画装配图的方法与步骤	4	2	2
§9－5　读装配图的方法与步骤	4	2	2
§9－6　由装配图拆画零件图	3	1	2
第十章　零部件测绘	16	4. 5	11. 5
§10－1　零部件测绘方法和步骤	3	1	2
§10－2　常用测量工具及测量方法	1	0. 5	0. 5
§10－3　测绘机用虎钳	12	3	9

续表

章节内容	总学时	讲授	练习
* 第十一章　金属结构图、焊接图和展开图	8	4	4
§11－1　金属结构件的表示法	2	1	1
§11－2　焊接图	2	1	1
§11－3　展开图	4	2	2
机动			
总计	120	54.5	65.5